国家重点建设冶金技术专业高等职业教学改革成果系列教材

高炉炼铁实训指导书

主　编　宋永清　古勇合

副主编　任淑萍

北　京

冶金工业出版社

2016

内 容 提 要

本教材为《高炉炼铁》配套实训教材,依据课程标准和教学资源进行教学过程设计,主要介绍了七个项目的实训,包括高炉供料及上料岗位操作、高炉热风炉岗位操作、制粉与喷煤操作、高炉工长岗位(炉内)操作、高炉炉前岗位操作、煤气净化(清灰)岗位操作、高炉配管工(冷却)岗位操作,系统介绍了各主要岗位的职责、操作程序与要求、常见事故的预防与处理以及设备的维护方式等内容。

本书可作为高职高专院校钢铁冶金技术专业的教材,也可作为钢铁企业职工的培训教材。

图书在版编目(CIP)数据

高炉炼铁实训指导书/宋永清,古勇合主编 . —北京:冶金工业出版社,2016.4

国家重点建设冶金技术专业高等职业教学改革成果系列教材
ISBN 978-7-5024-7114-9

Ⅰ.①高… Ⅱ.①宋… ②古… Ⅲ.①高炉炼铁—高等职业教育—教材 Ⅳ.①TF53

中国版本图书馆 CIP 数据核字(2016)第 007306 号

出 版 人 谭学余
地 址 北京市东城区嵩祝院北巷 39 号 邮编 100009 电话 (010)64027926
网 址 www.cnmip.com.cn 电子信箱 yjcbs@cnmip.com.cn
责任编辑 杜婷婷 美术编辑 彭子赫 版式设计 孙跃红
责任校对 李 娜 责任印制 李玉山
ISBN 978-7-5024-7114-9
冶金工业出版社出版发行;各地新华书店经销;固安华明印业有限公司印刷
2016 年 4 月第 1 版,2016 年 4 月第 1 次印刷
787mm×1092mm 1/16;13 印张;314 千字;194 页
39.00 元
冶金工业出版社 投稿电话 (010)64027932 投稿信箱 tougao@cnmip.com.cn
冶金工业出版社营销中心 电话 (010)64044283 传真 (010)64027893
冶金书店 地址 北京市东四西大街 46 号(100010) 电话 (010)65289081(兼传真)
冶金工业出版社天猫旗舰店 yjgycbs.tmall.com
(本书如有印装质量问题,本社营销中心负责退换)

编写委员会

主　任　谢赞忠
副主任　刘辉杰　李茂旺
委　员

江西冶金职业技术学院	谢赞忠	李茂旺	宋永清	阮红萍
	潘有崇	杨建华	张　洁	邓沪东
	龚令根	李宇剑	欧阳小缨	肖晓光
	任淑萍	罗莉萍	胡秋芳	朱润华
新钢技术中心	刘辉杰	侯　兴		
新钢烧结厂	陈伍烈	彭志强		
新钢第一炼铁厂	傅曙光	古勇合		
新钢第二炼铁厂	陈建华	伍　强		
新钢第一炼钢厂	付　军	邹建华		
新钢第二炼钢厂	罗仁辉	吕瑞国	张邹华	
冶金工业出版社	刘小峰	屈文焱		

顾　问　　　　　皮　霞　熊上东

前　言

自 2011 年起江西冶金职业技术学院启动钢铁冶金专业建设以来，先后开展了"国家中等职业教育改革发展示范学校建设计划"项目钢铁冶炼重点支持专业建设；中央财政支持"高等职业学校提升专业服务产业发展能力"项目冶金技术重点专业建设；省财政支持"重点建设江西省高等教育专业技能实训中心"项目现代钢铁生产实训中心建设，并开展了现代学徒试点。与新余钢铁集团有限公司人力资源处、技术中心以及下属 5 家二级单位进行有效合作。按照基于职业岗位工作过程的"岗位能力主导型"课程体系的要求，改革传统教学内容，实现"四结合"，即"教学内容与岗位能力""教室与实训场所""专职教师与兼职老师（师傅）""顶岗实习与工作岗位"结合，突出教学过程的实践性、开放性和职业性，实现学生校内学习与实际工作相一致。

按照钢铁冶炼生产工艺流程，对应烧结与球团生产、炼铁生产、炼钢生产、炉外精炼生产、连续铸钢生产各岗位在素质、知识、技能等方面的需求，按照贴近企业生产，突出技术应用，理论上适度、够用的原则，校企合作建设"烧结矿与球团矿生产""高炉炼铁""炼钢生产""炉外精炼""连续铸钢生产" 5 门优质核心课程。

依据专业建设、课程建设成果我们编写了《烧结矿与球团矿生产》《高炉炼铁》《炼钢生产》《炉外精炼》《连续铸钢》以及相配套的实训指导书系列教材，适用于职业院校钢铁冶炼、冶金技术专业、企业员工培训使用，也可作为冶金企业钢铁冶炼各岗位技术人员、操作人员的参考书。

本系列教材以国家职业技能标准为依据，以学生的职业能力培养为核心，以职业岗位工作过程分析典型的工作任务，设计学习情境。以工作过程为导向，设计学习单元，突出岗位工作要求，每个学习情境的教学过程都是一个完整的工作过程，结束了一个学习情境即是完成了一个工作项目。通过完成所有项目（学习情境）的学习，学生即可达到钢铁冶炼各岗位对技能的要求。

本系列教材由宋永清设计课程框架。在编写过程中得到江西冶金职业技术学院领导和新余钢铁集团有限公司领导的大力支持，新余钢铁集团人力资源处组织其技术中心以及 5 家生产单位的工程技术人员、生产骨干参与编写工作并提供大量生产技术资料，在此对他们的支持表示衷心感谢！

由于编者水平所限，书中不足之处，敬请读者批评指正。

江西冶金职业技术学院教务处　　**宋永清**

2016 年 2 月

实 训 指 导

一、实训的目的与特点

生产实训是钢铁冶金技术专业方向的主干专业实践教学课程，属于专业理论知识与实际工厂设备技术应用及管理环节实际技能训练与提高的实践环节。通过学习使学生掌握钢铁冶炼操作的基本理论知识，与此同时下厂进行具体的岗位实习操作，将所掌握的理论知识与实践结合起来，初步具备分析问题和解决实际问题的能力，为以后从事专业工作打好坚实的基础。本课程将向学生传授并使之感受和体验现代设备系统工程中设备技术应用和设备管理的理念、实际状况及工作原理，动手参与相关设备设计、制造、维修活动及管理过程等。

通过专业实训项目的学习，学生应当理解并掌握本专业在实际工作中涉及的知识、学科领域及其理论和重要理念，了解本专业所涉及的技术、经济、管理知识与技能方法在实际工程中的应用，了解本专业在工厂实际生产中的具体工作内容及基本环节。通过各工作环节的感受，学生能为学习专业理论课程，为今后成为既懂专业技术又会管理的复合型工程技术人才打下较好的基础。

针对高职钢铁冶金技术专业特点，实训课程具有以下特色：

（1）以企业真实的工作任务和职业能力要求的技能为基础，设置学习性工作任务。

（2）打破传统的理论与实践教学分割的体系，理论知识贯穿在实操技能的学习过程中，实现"理实一体化"。

（3）从高等职业教育的性质、特点、任务出发，以职业能力培养为重点，依据国家制定的职业技能鉴定标准中的职业能力特征、工作要求以及鉴定考评项目等，以工作内容和工作过程为导向进行课程建设。

（4）课程内容引进企业实际案例和选用实际生产项目，充分体现职业岗位和职业能力培养的要求；课程实施理论与实践交互式教学，通过建立校内外实训基地，将钢铁生产企业的真实工作项目引入教学环节，把课堂逐渐推向企业的工作现场，使课程能力实现向社会服务的转化，充分体现课程的职业性、实践性和开放性。

二、实训的内容与要求

（1）收集认识实训所在工厂的安全生产要求及安全注意事项，实训期间应遵守所在实训单位的各种规章制度，服从带队指导老师和单位有关人员的领导，严格遵守工厂的《安全操作规程》。

（2）服从车间领导的安排，尊重工人师傅，勤学好问，虚心求教。

（3）收集实训所在工厂的主要生产产品、生产工艺流程、主要的生产设备结构及工作原理等相关资料。

（4）收集认识企业生产管理体系的架构、内容、要求。

（5）在班组实习期间，收集、记录、认识班组在设备维护管理中的具体内容、事项、要求，参与班组的相关工作，提高学生的动手能力和实训现场分析问题、解决问题的能力；建立和提高学生参与管理的意识，认识和体会生产及管理过程中的具体环节与问题；观察学习技术人员及工人师傅分析问题的方法和经验。

（6）结合自己已经学习到的知识，分析讨论所在实习工厂中发现的问题或不清楚的环节，甚至提出自己的意见和建议。

（7）听取所在实习单位为学生举行的就业择业、先进技术、设备维护及生产管理等方面的专题报告。

（8）每天编写实习记录，必要时在小组内或小组间开展实习心得与问题讨论。

三、实习报告的写法及基本要求

1. 实习报告的写法

实习报告一般由标题和正文两部分组成。标题可以采取规范化的标题格式，基本格式为，"关于××的实习报告"；正文一般分前言、主体和结尾三部分。

（1）前言：主要描述本次实习的目的意义、大纲的要求及接受实习任务等情况。

（2）主体：实习报告最主要的部分，详述实习的基本情况，包括项目、内容、安排、组织、做法，以及分析通过实习经历了哪些环节，接受了哪些实践锻炼，搜集到哪些资料，并从中得出一些具体认识、观点和基本结论。

（3）结尾：可写出自己的收获、感受、体会和建议，也可就发现的问题提出解决的方法、对策；或总结全文的主要观点，进一步深化主题；或提出问题，引发人们的进一步思考；或展望前景，发出鼓舞和号召等。

2. 实习报告的要求

（1）按照大纲要求在规定的时间完成实习报告，报告内容必须真实，不得抄袭。学生应结合自己所在工作岗位的工作实际写出本行业及本专业（或课程）有关的实习报告。

（2）校外实习报告字数要求：每周不少于1000字，累计实习3周及以上的不少于3000字。用A4纸书写或打印（正文使用小四号宋体、1.5倍行距，排版以美观整洁为准）。

（3）实习报告撰写过程中需接受指导教师的指导，学生应在实习结束之前将成稿交实习指导教师。

3. 实习考核的主要内容

（1）平时表现：实习出勤和实习纪律的遵守情况；实习现场的表现和实习笔记的记录情况、笔记的完整性。

（2）实习报告：实习报告的完整性和准确性；实习的收获和体会。

（3）答辩：在生产现场随机口试；实习结束时抽题口试。

目　录

实训项目1　高炉供料及上料岗位操作 ……………………………………………… 1

1.1　高炉冶炼对原燃料的质量要求 ………………………………………… 1

1.1.1　铁矿石 …………………………………………………………… 1

1.1.2　熔剂 ……………………………………………………………… 5

1.1.3　焦炭 ……………………………………………………………… 5

1.1.4　某2500m³高炉原料的准备及技术要求 ………………………… 6

1.2　原燃料供应 ………………………………………………………………… 7

1.2.1　上料方式 …………………………………………………………… 8

1.2.2　布料方式 …………………………………………………………… 8

1.3　主要设备 …………………………………………………………………… 10

1.3.1　供料设备 …………………………………………………………… 10

1.3.2　上料设备 …………………………………………………………… 14

1.3.3　炉顶装料设备 ……………………………………………………… 18

1.4　操作 ………………………………………………………………………… 22

1.4.1　岗位职责 …………………………………………………………… 22

1.4.2　操作程序与要求 …………………………………………………… 22

1.4.3　注意事项 …………………………………………………………… 31

1.4.4　高炉装料操作 ……………………………………………………… 32

思考题 ……………………………………………………………………………… 33

实训项目2　高炉热风炉岗位操作 ……………………………………………… 34

2.1　高炉送风系统组成 ………………………………………………………… 34

2.1.1　高炉冶炼对鼓风机的要求 ………………………………………… 34

2.1.2　热风炉 ……………………………………………………………… 35

2.2　热风炉的操作制度 ………………………………………………………… 43

2.2.1　炉顶温度与烟道废气温度的确定 ………………………………… 43

2.2.2　热风炉的燃烧制度 ………………………………………………… 44

2.2.3　送风制度 …………………………………………………………… 46

2.3　热风炉的操作 ……………………………………………………………… 48

2.3.1　岗位职责 …………………………………………………………… 48

2.3.2　热风炉岗位作业标准 ……………………………………………… 48

2.3.3　热风炉的操作特点 ………………………………………………… 48

2.3.4　热风炉岗位操作规程 …………………………………………………… 49

2.3.5　热风炉休风与送风操作 …………………………………………………… 52

2.3.6　预热器运行中的注意事项和严禁事项 …………………………………… 53

2.3.7　热风设备的点检项目及内容 ……………………………………………… 53

2.3.8　热风炉常见的操作事故及其处理 ………………………………………… 55

2.3.9　热风炉烘炉前的准备、操作及注意事项 ………………………………… 56

思考题 ……………………………………………………………………………… 57

实训项目3　制粉与喷煤操作 ………………………………………………… 58

3.1　基础知识 ……………………………………………………………………… 58

3.1.1　煤的分类及化学成分 ……………………………………………………… 58

3.1.2　煤的物理性质 ……………………………………………………………… 59

3.1.3　煤的工艺性能 ……………………………………………………………… 59

3.1.4　喷煤工艺的基本流程 ……………………………………………………… 60

3.2　主要设备 ……………………………………………………………………… 65

3.2.1　磨煤机 ……………………………………………………………………… 65

3.2.2　给煤机 ……………………………………………………………………… 67

3.2.3　煤粉收集 …………………………………………………………………… 68

3.2.4　排粉风机 …………………………………………………………………… 68

3.2.5　木屑分离器 ………………………………………………………………… 68

3.2.6　锁气器 ……………………………………………………………………… 68

3.2.7　混合器 ……………………………………………………………………… 69

3.2.8　分配器 ……………………………………………………………………… 69

3.2.9　喷煤枪 ……………………………………………………………………… 69

3.3　操作 …………………………………………………………………………… 69

3.3.1　制粉工岗位操作 …………………………………………………………… 69

3.3.2　制粉主要设备的点检项目及内容 ………………………………………… 72

3.3.3　喷吹岗位职责与要求 ……………………………………………………… 75

3.3.4　喷吹系统的操作 …………………………………………………………… 76

3.3.5　喷吹烟煤的操作 …………………………………………………………… 80

3.3.6　煤粉喷吹设备的点检项目及内容 ………………………………………… 81

3.3.7　高炉喷煤的防火防爆安全措施 …………………………………………… 82

3.3.8　喷煤系统的安全监测及控制 ……………………………………………… 83

思考题 ……………………………………………………………………………… 86

实训项目4　高炉工长岗位（炉内）操作 …………………………………… 87

4.1　基础知识 ……………………………………………………………………… 87

4.1.1　炉料在炉内的物理化学变化 ……………………………………………… 87

　　4.1.2　生铁的形成 ⋯⋯⋯⋯⋯⋯⋯⋯⋯⋯⋯⋯⋯⋯⋯⋯⋯⋯⋯⋯⋯ 88
　　4.1.3　高炉炉渣与脱硫 ⋯⋯⋯⋯⋯⋯⋯⋯⋯⋯⋯⋯⋯⋯⋯⋯⋯⋯⋯ 89
　　4.1.4　燃料燃烧和高炉的下部调剂 ⋯⋯⋯⋯⋯⋯⋯⋯⋯⋯⋯⋯⋯ 91
　　4.1.5　炉料与煤气的运动及其分布 ⋯⋯⋯⋯⋯⋯⋯⋯⋯⋯⋯⋯⋯ 93
　　4.1.6　炼铁工艺计算 ⋯⋯⋯⋯⋯⋯⋯⋯⋯⋯⋯⋯⋯⋯⋯⋯⋯⋯⋯⋯ 95
　4.2　主要设备 ⋯⋯⋯⋯⋯⋯⋯⋯⋯⋯⋯⋯⋯⋯⋯⋯⋯⋯⋯⋯⋯⋯⋯⋯ 104
　　4.2.1　高炉炉型 ⋯⋯⋯⋯⋯⋯⋯⋯⋯⋯⋯⋯⋯⋯⋯⋯⋯⋯⋯⋯⋯⋯ 104
　　4.2.2　高炉各部分形状及尺寸 ⋯⋯⋯⋯⋯⋯⋯⋯⋯⋯⋯⋯⋯⋯⋯ 105
　　4.2.3　现代高炉的特点——高炉大型化 ⋯⋯⋯⋯⋯⋯⋯⋯⋯⋯⋯ 107
　4.3　操作 ⋯⋯⋯⋯⋯⋯⋯⋯⋯⋯⋯⋯⋯⋯⋯⋯⋯⋯⋯⋯⋯⋯⋯⋯⋯⋯⋯ 108
　　4.3.1　岗位职责 ⋯⋯⋯⋯⋯⋯⋯⋯⋯⋯⋯⋯⋯⋯⋯⋯⋯⋯⋯⋯⋯⋯ 108
　　4.3.2　工作内容 ⋯⋯⋯⋯⋯⋯⋯⋯⋯⋯⋯⋯⋯⋯⋯⋯⋯⋯⋯⋯⋯⋯ 108
　　4.3.3　案例 ⋯⋯⋯⋯⋯⋯⋯⋯⋯⋯⋯⋯⋯⋯⋯⋯⋯⋯⋯⋯⋯⋯⋯⋯ 115
　思考题 ⋯⋯⋯⋯⋯⋯⋯⋯⋯⋯⋯⋯⋯⋯⋯⋯⋯⋯⋯⋯⋯⋯⋯⋯⋯⋯⋯⋯ 125

实训项目 5　高炉炉前岗位操作 ⋯⋯⋯⋯⋯⋯⋯⋯⋯⋯⋯⋯⋯⋯⋯ 127
　5.1　基础知识 ⋯⋯⋯⋯⋯⋯⋯⋯⋯⋯⋯⋯⋯⋯⋯⋯⋯⋯⋯⋯⋯⋯⋯⋯ 127
　　5.1.1　炉前操作的任务 ⋯⋯⋯⋯⋯⋯⋯⋯⋯⋯⋯⋯⋯⋯⋯⋯⋯⋯ 127
　　5.1.2　高炉不能及时出净渣铁产生的影响 ⋯⋯⋯⋯⋯⋯⋯⋯⋯ 127
　　5.1.3　炉前操作指标 ⋯⋯⋯⋯⋯⋯⋯⋯⋯⋯⋯⋯⋯⋯⋯⋯⋯⋯⋯ 127
　　5.1.4　炉前操作平台 ⋯⋯⋯⋯⋯⋯⋯⋯⋯⋯⋯⋯⋯⋯⋯⋯⋯⋯⋯ 129
　5.2　炉前设备 ⋯⋯⋯⋯⋯⋯⋯⋯⋯⋯⋯⋯⋯⋯⋯⋯⋯⋯⋯⋯⋯⋯⋯⋯ 130
　　5.2.1　开铁口机 ⋯⋯⋯⋯⋯⋯⋯⋯⋯⋯⋯⋯⋯⋯⋯⋯⋯⋯⋯⋯⋯ 131
　　5.2.2　堵铁口泥炮 ⋯⋯⋯⋯⋯⋯⋯⋯⋯⋯⋯⋯⋯⋯⋯⋯⋯⋯⋯⋯ 131
　　5.2.3　堵渣口机 ⋯⋯⋯⋯⋯⋯⋯⋯⋯⋯⋯⋯⋯⋯⋯⋯⋯⋯⋯⋯⋯ 132
　　5.2.4　生铁处理设备 ⋯⋯⋯⋯⋯⋯⋯⋯⋯⋯⋯⋯⋯⋯⋯⋯⋯⋯⋯ 132
　　5.2.5　渣铁处理设备 ⋯⋯⋯⋯⋯⋯⋯⋯⋯⋯⋯⋯⋯⋯⋯⋯⋯⋯⋯ 132
　5.3　操作 ⋯⋯⋯⋯⋯⋯⋯⋯⋯⋯⋯⋯⋯⋯⋯⋯⋯⋯⋯⋯⋯⋯⋯⋯⋯⋯⋯ 132
　　5.3.1　岗位职责 ⋯⋯⋯⋯⋯⋯⋯⋯⋯⋯⋯⋯⋯⋯⋯⋯⋯⋯⋯⋯⋯ 132
　　5.3.2　作业程序与要求 ⋯⋯⋯⋯⋯⋯⋯⋯⋯⋯⋯⋯⋯⋯⋯⋯⋯⋯ 133
　　5.3.3　炉前设备点检项目、内容及设备事故处理 ⋯⋯⋯⋯⋯⋯ 139
　　5.3.4　出铁过程中的事故与处理 ⋯⋯⋯⋯⋯⋯⋯⋯⋯⋯⋯⋯⋯⋯ 144
　思考题 ⋯⋯⋯⋯⋯⋯⋯⋯⋯⋯⋯⋯⋯⋯⋯⋯⋯⋯⋯⋯⋯⋯⋯⋯⋯⋯⋯⋯ 154

实训项目 6　煤气净化（清灰）岗位操作 ⋯⋯⋯⋯⋯⋯⋯⋯⋯⋯ 155
　6.1　基础知识 ⋯⋯⋯⋯⋯⋯⋯⋯⋯⋯⋯⋯⋯⋯⋯⋯⋯⋯⋯⋯⋯⋯⋯⋯ 155
　　6.1.1　煤气净化的主要任务和要求 ⋯⋯⋯⋯⋯⋯⋯⋯⋯⋯⋯⋯ 155
　　6.1.2　除尘原理与设备的分类 ⋯⋯⋯⋯⋯⋯⋯⋯⋯⋯⋯⋯⋯⋯ 155

6.1.3　评价煤气除尘设备的主要指标 ……………………………………… 155

6.1.4　高炉煤气除尘工艺流程 …………………………………………… 156

6.2　除尘设备 ……………………………………………………………… 157

6.2.1　粗除尘 ……………………………………………………………… 157

6.2.2　半精细除尘 ………………………………………………………… 157

6.2.3　煤气系统附属设备 …………………………………………………… 159

6.3　操作 …………………………………………………………………… 161

6.3.1　岗位职责 …………………………………………………………… 161

6.3.2　操作程序及要求 …………………………………………………… 161

6.3.3　布袋除尘器设备的检修、维护和保养 …………………………… 165

6.3.4　除尘设备的点检项目及内容 ……………………………………… 168

6.3.5　煤气事故预防及处理 ……………………………………………… 170

思考题 ………………………………………………………………………… 172

实训项目 7　高炉配管工（冷却）岗位操作 ……………………………… 173

7.1　基础知识 ……………………………………………………………… 173

7.1.1　高炉冷却 …………………………………………………………… 173

7.1.2　冷却水的管理 ……………………………………………………… 174

7.1.3　水温差及热流强度的规定 ………………………………………… 175

7.1.4　高炉给排水系统 …………………………………………………… 176

7.1.5　冷却系统 …………………………………………………………… 176

7.2　主要设备 ……………………………………………………………… 177

7.2.1　高炉本体组成 ……………………………………………………… 177

7.2.2　高炉炉衬 …………………………………………………………… 178

7.2.3　冷却设备 …………………………………………………………… 182

7.3　操作 …………………………………………………………………… 186

7.3.1　岗位职责 …………………………………………………………… 186

7.3.2　岗位操作设备范围 ………………………………………………… 186

7.3.3　岗位设备点检制度 ………………………………………………… 186

7.3.4　检查与维护 ………………………………………………………… 186

7.3.5　配管工的作业程序 ………………………………………………… 190

7.3.6　突发性故障处理 …………………………………………………… 191

7.3.7　注意事项 …………………………………………………………… 191

7.3.8　冷却设备破损的征兆与处理 ……………………………………… 191

思考题 ………………………………………………………………………… 193

参考文献 ……………………………………………………………………… 194

实训项目1 高炉供料及上料岗位操作

实训目的与要求:

(1) 知道原燃料的质量标准,能判断质量优劣;

(2) 知道供料及上料设备的类型、结构、特点,能够正确进行设备操作和日常点检;

(3) 知道高炉的上料方式和布料方式;

(4) 知道供料及上料设备操作程序,根据装料制度完成炉顶装料工作,具备上料操作能力;

(5) 会判断生产中出现的异常情况,会处理一般性生产故障;

(6) 能够编制特殊炉况的装料方案。

1.1 高炉冶炼对原燃料的质量要求

1.1.1 铁矿石

1.1.1.1 铁矿石的分类

自然界中的铁均以化合物的形态存在,以氧化物为主。根据含铁矿物的主要性质和矿物组成,铁矿石分为磁铁矿、赤铁矿、褐铁矿、菱铁矿四种类型。

A 磁铁矿

磁铁矿化学式为 Fe_3O_4,理论含铁量为 72.4%。磁铁矿晶体为八面体,组织致密坚硬,外表颜色为钢灰色或黑灰色,难还原和破碎,其显著特点是具有磁性,含 S、P 量较高,还原性差。其形状如图 1-1 所示。

图 1-1 磁铁矿

B 赤铁矿

赤铁矿(又称红矿)化学式为 Fe_2O_3,理论含铁量为 70%。赤铁矿组织结构多种多样，有致密的结晶组织结构，也有疏松分散的粉状结构，条痕为樱红色，外表颜色为暗红色，组织结构松软，密度小，含 S、P 量较低，易破碎、易还原，其冶金性能较磁铁矿优越。其结构形状如图 1-2 所示。

图 1-2　赤铁矿

C　褐铁矿

褐铁矿是含结晶水的氧化铁，呈褐色条痕，还原性好，化学式为 $n\mathrm{Fe_2O_3} \cdot m\mathrm{H_2O}$（$n$ 为 1~3、m 为 1~4）。褐铁矿中绝大部分含铁矿物是以 $2\mathrm{Fe_2O_3} \cdot 3\mathrm{H_2O}$ 的形式存在的。其形状如图 1-3 所示。

图 1-3　褐铁矿

D　菱铁矿

菱铁矿化学式为 $\mathrm{FeCO_3}$，颜色为灰色带黄褐色。菱铁矿经过焙烧，分解出 CO_2 气体，从而含铁量提高，矿石也变得疏松多孔，易破碎，还原性好。其含 S 量低，含 P 量较高。其形状如图 1-4 所示。

图 1-4　菱铁矿

铁矿石的分类及其主要特性见表 1-1。

表 1-1 铁矿石的分类及其特性

矿石名称	化学式	理论含铁量/%	矿石密度/t·m⁻³	颜色	冶炼性能		
					实际含铁量/%	有害杂质	强度及还原性
磁铁矿	Fe_3O_4	72.4	5.2	黑色	45~70	S、P 高	坚硬、致密、难还原
赤铁矿	Fe_2O_3	70	4.9~5.3	红色	55~60	S、P 低	软、易破碎、易还原
褐铁矿	$nFe_2O_3·mH_2O$	变化	变化	黄褐色至黑色	37~55	S 低、P 高低不等	疏松、易还原
菱铁矿	Fe_2CO_3	48.2	3.8	灰色带黄	30~40	S 低、P 较高	易破碎、焙烧后易还原

1.1.1.2 高炉冶炼对铁矿石的质量要求

（1）铁矿石品位高。矿石品位是指铁矿石的含铁量，以 TFe 表示。品位高有利于降低焦比和提高产量。根据生产经验，矿石品位每提高 1%，焦比降低 2%，产量提高 3%。因为随着矿石品位的提高，脉石数量减少，熔剂用量和渣量也相应减少，既降低热量消耗，又有利于炉况顺行。

（2）脉石数量少。铁矿石的脉石成分绝大多数为酸性的，SiO_2 含量较高。在现代高炉冶炼条件下，为了得到一定碱度的炉渣，就必须在炉料中配加一定数量的碱性熔剂（石灰石）与 SiO_2 作用造渣。铁矿石中 SiO_2 含量越高，需加入的石灰石越多，生成的渣量也越多，这样将使焦比升高，产量下降。

（3）有害杂质少。矿石中有害杂质的危害及界限含量见表 1-2。

表 1-2 矿石中有害杂质的危害及界限含量

元素	允许的质量分数/%	危害及说明	
S	≤0.3	使钢产生热脆性，易轧裂	
P	≤0.3	对酸性转炉生铁	P 使钢产生冷脆性，烧结及炼铁过程都不能除 P。控制生铁含 P 量的唯一途径就是控制原料的含 P 量
	0.03~0.18	对碱性平炉生铁	
	0.2~1.2	对碱性转炉生铁	
	0.05~0.15	对普通铸造生铁	
	0.15~0.6	对高磷铸造生铁	
Zn	≤0.1~0.2	Zn 在 900℃ 挥发，上升后冷凝沉积于炉墙，使炉墙膨胀，破坏炉衬，烧结时可去除 50%~60% 的 Zn	
Pb	≤0.1	Pb 易还原，密度大，与铁分离沉于炉底，破坏炉底，Pb 蒸气在上部循环累积，形成炉瘤，破坏炉衬	
Cu	≤0.2	少量 Cu 可改善钢的耐腐蚀性，但 Cu 过多使钢产生热脆性，不易焊接和轧制，Cu 易还原并进入生铁	

元　素	允许的质量分数/%	危害及说明
As	≤0.07	As 使钢产生冷脆性，不易焊接，生铁中 As≤0.1%；炼优钢时，铁中不应有 As
Ti	15~16（TiO_2）	Ti 使钢产生冷脆性，不易焊接，生铁中 Ti≤0.1%；炼优钢时，铁中不应有 Ti
K、Na		K、Na 易挥发，在炉内循环富集，产生炉瘤，降低焦炭及矿石的强度
F		F 在高温下气化，会腐蚀金属，危害农作物及人体。CaF_2 会侵蚀破坏炉衬

（4）铁矿石的还原性好。铁矿石的还原性是指铁矿石被还原性气体 CO 或 H_2 还原的难易程度。影响铁矿石还原性的因素主要有矿物组成、矿物结构的致密程度、粒度和气孔率等。

（5）矿石的粒度适当。铁矿石的粒度对高炉冶炼进程的影响很大。粒度过小时，高炉内料柱的透气性差，使煤气上升阻力增大。粒度过大会减小煤气与铁矿石的接触面积，使矿石中心部分不易还原，从而使还原速度降低，焦比升高。通常，入炉矿石粒度在 5~35mm 之间，小于 5mm 的粉末是不能直接入炉的。

（6）铁矿石的机械强度高。铁矿石的机械强度是指矿石耐冲击、抗摩擦、抗挤压的能力。随着高炉容积的扩大，入炉铁矿石的强度应相应提高，否则，由于铁矿石强度低，入炉后产生大量粉末，一方面增加炉尘损失，另一方面粉末多易阻塞煤气通道，降低料柱透气性，使高炉操作困难。因此，为保证高炉稳定顺行，力求铁矿石强度高一些为好。

（7）铁矿石的高温冶金性能好。高炉冶炼是在高温条件下将铁矿石变为铁水的过程，为了保证高炉冶炼的顺利进行，必须保证铁矿石在高温条件下的性能，主要包括热强度、软化性及熔滴性。

1）热强度。铁矿石的热强度是指矿石在高炉条件下，受结晶水的分解、矿石结构的变化或还原反应的进行，矿石强度变弱或产生裂缝的程度。主要指标有热爆裂性、低温还原粉化率和热膨胀性，为保证高炉上部炉料的透气性，力求三个指标低些为好。

2）软化性。铁矿石的软化性包括铁矿石的软化温度和软化温度区间两个方面。软化温度是指铁矿石在一定的荷重下受热开始变形的温度；软化温度区间是指矿石开始软化到软化终了的温度范围。为了在熔化造渣之前，矿石更多地被煤气还原，高炉冶炼要求铁矿石的软化温度要高，软化温度区间要小。这样一方面可保证炉内有良好的透气性，另一方面可使矿石在软熔前达到较高的还原度，以降低高炉直接还原度和能源消耗。

（8）铁矿石各项指标的稳定性。铁矿石的各项理化指标保持相对稳定，才能最大限度地提高生产效率。在前述各项指标中，矿石品位、脉石成分与数量、有害杂质含量的稳定性尤为重要。高炉冶炼要求成分波动范围：含铁原料 TFe < ±（0.1%~0.3%）；$w(SiO_2)$ < ±（0.2%~0.3%）；烧结矿的碱度为 ±（0.03~0.05）。

为了确保矿石成分的稳定，需要对原料进行整粒和混匀。破碎、筛分的过程称为整粒。混匀又称为中和。混匀的目的是稳定铁矿石的化学成分，从而稳定高炉操作，保持炉况顺行，改善冶炼指标。矿石的混匀是按"平铺直取"的原则进行。

1.1.2 熔剂

熔剂的主要作用有：使还原出来的铁与脉石和灰分实现良好分离，并顺利从炉缸流出，即渣铁分离；生成一定数量并具有一定物理、化学性能的炉渣，去除有害杂质硫，确保生铁质量。

根据矿石中脉石成分的不同，高炉冶炼使用的熔剂，按其性质可分为碱性、酸性和中性三类。由于铁矿石中主要脉石是酸性的，所以高炉最常用的是碱性熔剂。高炉常用碱性熔剂如图 1-5 所示。

高炉冶炼对熔剂的质量要求有：

（1）碱性氧化物（$CaO + MgO$）含量要高，酸性氧化物（$SiO_2 + Al_2O_3$）越少越好，或熔剂的有效熔剂性越高越好。

（2）有害杂质硫、磷含量要少。

（3）较高的机械强度，粒度要均匀，大小适中。

适宜的石灰石入炉粒度范围是：大中型高炉为 20~50mm，小型高炉为 10~30mm。

石灰石　　　　　　　白云石　　　　　　　萤石　　　　　　　菱镁石

图 1-5　高炉常用碱性熔剂

1.1.3 焦炭

高炉对焦炭质量要求（《高炉炼铁工艺设计规范》（GB 50427—2008））见表 1-3。

表 1-3　高炉对焦炭的质量要求

炉容级别/m³	1000	2000	3000	4000	5000
M_{40}/%	≥78	≥82	≥84	≥85	≥86
M_{10}/%	≤8.0	≤7.5	≤7.0	≤6.5	≤6.0
反应后强度 CSR/%	≥58	≥60	≥62	≥64	≥65
反应性指数 CRI/%	≤28	≤26	≤25	≤25	≤25
焦炭灰分/%	≤13	≤13	≤12.5	≤12	≤12
焦炭含硫/%	≤0.7	≤0.7	≤0.7	≤0.6	≤0.6
焦炭粒度范围/mm	75~25	75~25	75~25	75~25	75~30

1.1.4　某 2500m³ 高炉原料的准备及技术要求

1.1.4.1　烧结矿

烧结矿主要指标见表 1-4。

表 1-4　烧结矿主要指标

项　目	单　位	指标值
扣钙镁品位	%	≥64
铁分波动	%	≤±0.5
碱度波动	倍	≤±0.08
FeO 含量	%	≤7~9
FeO 波动	%	≤±0.75
转鼓指数	%	≥75
粒　度	mm	5~50
	%	>50mm≤5
	%	<5.0mm≤5

1.1.4.2　块矿

块矿主要指标见表 1-5。

表 1-5　块矿主要指标

项　目	单　位	指标值
TFe	%	≥60
热爆裂性	%	≤15
粒　度	mm	10~30
	%	<5mm≤5
	%	>30mm≤10

1.1.4.3　球团矿

球团矿主要指标见表 1-6。

表 1-6　球团矿主要指标

项　目	单　位	指标值
TFe	%	≥62
粒　度	mm	8~16
	%	<5mm≤5
转鼓指数	%	≥90
常温耐压强度	N/球	≥2200
还原后耐压强度	N/球	≥450
膨胀率	%	≤15

1.1.4.4 自产焦炭

自产焦炭主要指标见表1-7。

表1-7　自产焦炭主要指标　　　　　　　　　　（%）

焦　炉	熄焦方式	M_{40}	M_{10}	CSR	CRI	S	A	水分	V
1号、2号焦	湿熄焦	≥80	≤7.3	≥60	≤31	≤0.75	≤12.5	≤5~7	≤1.2
(4.3m焦炉)	干熄焦	≥81	≤7.1	≥62	≤29	≤0.75	≤12.5	≤1.0	≤1.2
3号、4号焦	湿熄焦	≥81	≤7.2	≥61	≤30	≤0.75	≤12.5	≤5~7	≤1.2
(4.3m焦炉)	干熄焦	≥83	≤7.0	≥63	≤28	≤0.75	≤12.5	≤1.0	≤1.2
5号、6号焦	湿熄焦	≥82	≤7.1	≥62	≤29	≤0.72	≤12.5	≤5~7	≤1.2
(6.0m焦炉)	干熄焦	≥85	≤6.9	≥64	≤27	≤0.72	≤12.5	≤1.0	≤1.2

1.1.4.5 外购焦炭

外购焦炭主要指标见表1-8。

表1-8　外购焦炭主要指标　　　　　　　　　　（%）

种　类		M_{40}	M_{10}	CSR	CRI	S	A	粒　度
2500m³高炉	顶装焦	≥85	≤7.0	≥60	≤29	≤0.70	≤13.0	
	捣固焦	≥86	≤6.8	≥62	≤29	≤0.70	≤13.0	≤10%(>75mm)
1050m³高炉	顶装焦	≥84	≤7.5	≥58	≤31	≤0.70	≤13.0	≤10%(<25mm)
	捣固焦	≥85	≤7.3	≥60	≤31	≤0.70	≤13.0	

1.2　原燃料供应

高炉供料系统的特点是运输数量大、工作节律性强，其任务是将经过预处理的铁矿石、焦炭和辅助原料分别从原料场、烧结厂、球团厂、炼焦厂用火车或皮带运输机送到高炉储焦槽和储矿槽。高炉生产中，料仓（又称储矿槽）上、下所属设置的设备，是为高炉上料服务的，称为供料设备。其基本职能是：根据冶炼的工艺，要求各种原燃料应按重量组成一定的料批，按规定程序为高炉上料。

现代钢铁联合企业中，炼铁原燃料的供应系统以高炉储矿槽为界分为两部分。从原燃料进厂到高炉储矿槽顶属于原料厂管辖范围，它完成原燃料的卸、堆、取、运作业，根据要求还需进行破碎、筛分和混匀作业，起到储存、处理并供应原燃料的作用。从高炉储矿槽顶到高炉炉顶装料设备属于炼铁厂管辖范围，它负责向高炉按规定的原料品种、数量，分批地及时供应。

现代高炉对原燃料供应系统的要求是：

（1）保证连续地均衡地供应高炉冶炼所需的原燃料，并为进一步强化冶炼留有余地。

（2）在储运过程中应考虑为改善高炉冶炼所必需的处理环节，如混匀、破碎、筛分等，在运输过程中应尽量降低破碎率。

（3）由于原燃料的储运数量大，对大、中型高炉应该尽可能实现机械化和自动化，提高配料、称量的准确度。

（4）原燃料系统各转运环节和落料点都有灰尘产生，应设置通风除尘设施。

高炉原燃料供应流程为：

原料进厂→卸车→储料场→槽上运输→储矿槽（储焦槽）→槽下运输和称量→料车或皮带机→炉顶。

1.2.1　上料方式

上料方式主要有料罐式、料车式和皮带机上料三种。料罐式上料机是上行满罐下行空罐，如果速度快，则吊着的料罐就会摆动不停，所以上料能力低，现代高炉已不再采用。近年来随着高炉大型化的发展，料车式上料机也不能满足高炉要求，只有中小型高炉仍然采用这种方式。新建的大型高炉，多采用皮带机上料方式。

1.2.2　布料方式

在高炉操作中，通过调整布料方式来改变煤气流在炉内的分布已成为保证高炉顺行和降低焦比、提高冶炼强度的有效手段之一。

根据高炉炉型和冶炼特点，炉顶布料应有下列几方面要求：

（1）周向布料应力求均匀。

（2）径向布料应根据炉料和煤气流分布情况进行径向调节。

（3）要求能不对称布料，当高炉发生管道或料面偏斜时，能进行定点布料或扇形布料。炉顶设备结构不同布料手段也不尽相同。

1.2.2.1　钟式炉顶的布料方式

大钟倾角一般为 50°~53°，不能调节，仅有一种布料方式，炉料堆尖只能在大钟外缘至炉墙之间，可以通过改变料线高度、装料顺序、批重大小来改变炉料堆尖位置沿径向的变化，借助旋转布料器改变圆周方向布料（可作定点布料或装偏料）。

1.2.2.2　无料钟炉顶的布料方式

旋转溜槽布料的基本控制原理是高炉炉料（烧结矿、球团矿或焦炭等）经过槽下配料工艺后先进入到炉顶的受料漏斗和称量料罐，在高炉接到布料指令后，其称量料罐的料流调节阀首先按工艺要求开到给定的开度（即 γ 角），这时炉料按一定的流量经中心喉管后流到布料溜槽上，此时布料溜槽已经按工艺要求升到一定的倾动角度（即 α 角），同时布料溜槽还在水平面方向上进行着匀速旋转（即 β 角）。控制好 α、β、γ 三个角度，就可以把炉料按任意的形式布到高炉的料面上了。

无料钟炉顶的旋转溜槽可以实现多种布料方式，根据生产对炉喉布料的要求，常用的有以下几种基本的布料方式，如图 1-6 所示。

（1）环形布料，倾角固定的旋转布料称为环形布料。这种布料方式与料钟布料相似，改变旋转溜槽的倾角相当于改变料钟直径。由于旋转溜槽的倾角可任意调节，所以

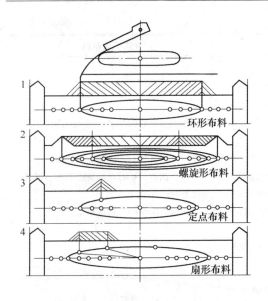 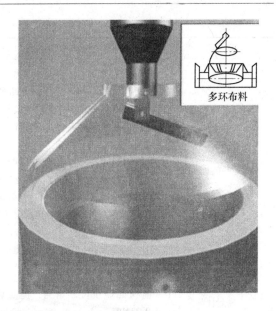

图1-6 无料钟炉顶布料形式

可在炉喉的任一半径做单环、双环和多环布料,将焦炭和矿石布在不同半径上以调整煤气分布。

(2) 螺旋形布料,倾角变化的旋转布料称为螺旋形布料。布料时溜槽做等速的旋转运动,每转一圈跳变一个倾角。这种布料方法能把炉料布到炉喉截面任一部位,并且可以根据生产要求调整料层厚度,也能获得较平坦的料面。

(3) 定点布料,方位角固定的布料形式称为定点布料。当炉内某部位发生"管道"或"过吹"时,需用定点布料。

(4) 扇形布料,方位角在规定范围内反复变化的布料形式称为扇形布料。当炉内产生偏析或局部崩料时,采用该布料方式。布料时旋转溜槽在指定的弧段内慢速来回摆动。

1.2.2.3 钟式炉顶布料与无料钟的布料比较

钟式炉顶布料与无料钟的布料比较见表1-9。

表1-9 钟式炉顶布料与无料钟布料比较

项　目	无料钟炉顶布料	钟式炉顶布料
料线零位的位置	一般将旋转溜槽处于垂直位置时,其下端0.5~1.0m处或炉喉钢砖上缘水平面	大钟开启时钟底的水平面
布料范围与布料方式	旋转溜槽的倾角可在0°~50°范围内调节,炉料能布置在高炉炉喉边缘至中心任意半径圆面上,布料手段灵活,可以按环形、螺旋形、扇形、定点、中心加焦五种方式将炉料布到炉喉截面的任何区域,起到稳定炉况、延长炉龄、提高产量的作用	大钟倾角一般为50°~53°,不能调节,仅有一种布料方式,炉料堆尖只能在大钟外缘至炉墙之间,可借助旋转布料器作定点布料或装偏料

续表 1-9

项　目	无料钟炉顶布料	钟式炉顶布料
炉料偏析	（1）炉料离开旋转溜槽时有离心力使炉料落点外移，炉料间堆尖外侧滚动多于内侧，形成料面对称分布，外侧料面较平坦，此种现象称为溜槽布料旋转效应，转速越大效应越强； （2）环式布料有自然偏析（即小粒度在堆尖，大粒度在堆脚，每圈都重复这种偏析），采用多环布料或螺旋布料可适当弥补偏析； （3）多环布料，矿石对焦炭层的冲击推挤作用较均匀； （4）因节流阀控制不准，可能出现非整圈布料	（1）大钟开启时炉料下落初始速度为零，无旋转效应； （2）一次放料，无法弥补自然偏析； （3）一次放料矿石对焦炭层的冲击推挤作用较集中； （4）没有非整圈布料现象
密封性	能保证炉顶可靠密封，提高炉顶压力达 0.23MPa	密封性能差，最高压力为 0.08MPa

1.3　主要设备

高炉生产工艺流程如图 1-7 所示。

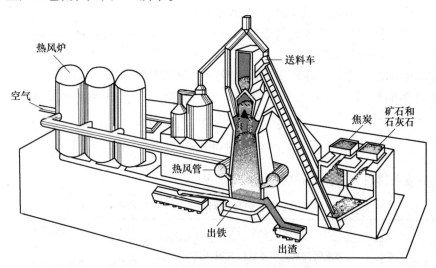

图 1-7　高炉生产工艺流程

某 2500m³ 高炉生产工艺流程如图 1-8 所示。

1.3.1　供料设备

1.3.1.1　储料场

储料场的储存员除了考虑高炉容量之外，还必须考虑厂外原料的供应情况，如铁路、

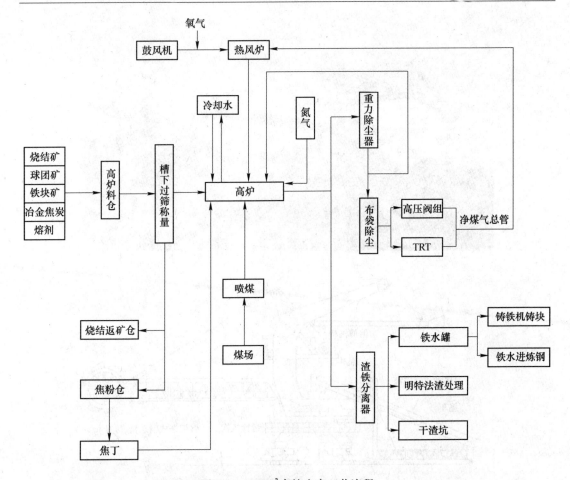

图 1-8   2500m³ 高炉生产工艺流程

船舶正常的运输周期中可能发生的阻滞情况等。一般铁矿石和锰矿石的储存量按 30 ~ 45 天计算，石灰石按 20 ~ 30 天考虑。当原料产地较远，使用矿石种类也比较多，原料的贮存天数取上限，反之取下限。

原料的堆存、取料相混匀都在储料场进行。储料场的结构形式、堆取料方式与卸车方式、原料的粒度以及混匀破碎筛分等与设备有关。当矿山与高炉车间相距较近，而且有专门的铁路线，矿石又不要加工混匀时，高炉车间可以不设原料场。

大型高炉的储矿场可采用堆取分开的堆料机，一般大型集中供料设施中，可采用轨道式斗轮堆取料机进行堆料和取料作业，如图 1-9 所示。这种设备是把地面皮带运来的料，经进料车送往悬臂输送带上，最后落在储料场上，如果要取料，则悬臂输送带向反方向运转，并在末端装上带有旋转斗轮的取料装置，悬臂输送带可以俯仰一定角度达到变幅效果，而且悬臂输送带架支撑在旋转的门形架上面，能达到回转的效果。

1.3.1.2 储矿槽

储矿槽位于高炉卷扬机的一侧，与高炉列线平行，与斜桥垂直，是炼铁厂供料系统中的重要设备，是高炉上料机械化和自动化过程中十分重要的一个环节。储矿槽起着原料的贮存作用，可解决高炉连续上料与车间间断供料之间的矛盾，高炉操作要求各种原料按一

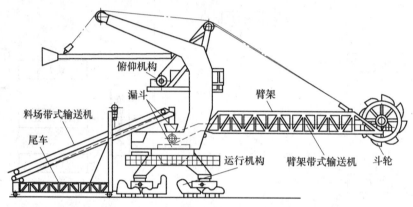

图 1-9　堆取料机

定的数量、顺序、分批分期地加入炉内，每批料的间隔时间比较短（6~8min），因此储矿槽对高炉上料起到缓冲和调节作用。另外对容积较大的储矿槽还可起到混匀炉料的作用。

　　根据原料品种、高炉容积、强化冶炼强度、运输设备的可靠性及车间的平面布置可确定储矿槽的储存量和储矿槽的数目。储矿槽布置如图 1-10 所示。一般要求储存量：焦炭为 6~8h 的用量，烧结矿为 12~24h 的用量。储矿槽的数目一般不少于 10 个，最多可达 30 个。例如某 2500m³ 高炉矿、焦槽在上料主皮带尾部右侧采用双排并列布置，每排 10 个槽，共 20 个槽，其

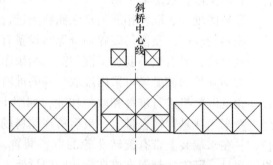

图 1-10　储矿槽布置示意图

中：焦槽 6 个（6×365m³），烧结矿槽 8 个（8×365m³），球团矿槽 2 个（2×310m³），块矿槽 2 个（2×310m³），杂矿槽 2 个（2×310m³）。

　　储矿槽的结构有钢筋混凝土结构和钢—钢筋混凝土混合式结构两种。钢筋混凝土结构是矿槽的周壁和底壁都是用钢筋混凝土浇灌而成。混合式结构是储矿槽的周壁用钢筋混凝

土浇灌，底壁、支柱和轨道梁用钢板焊成，投资较前一种高。我国多用钢筋混凝土结构。为了保护储矿槽内表面不被磨损，一般要在储矿槽内加衬板，储焦槽内衬以废耐火砖或厚25~40mm 的辉绿岩铸石板，在废铁槽内衬以旧铁轨，在储矿槽内衬以铁屑混凝土或铸铁衬板。为了减轻储矿槽的重量，有的衬板采用耐磨橡胶板。槽底板与水平线的夹角一般为50°~55°，储焦槽不小于45°，以保证原料能顺利下滑流出。

1.3.1.3 给料机

为控制物料从料仓排出，并调节料流量，必须在料仓排料口安装给料机。常用的有链板式给料机、往复式给料机和电磁振动给料机三种。电磁振动给料器（见图1-11）在大中型高炉上得到广泛应用，它可以将块状、粉状物料，从储料仓中定量地、均匀地、连续地给出，不振动时，原料呈自然堆角而静止不动。其结构由给料槽、激振器、减速器等三部分组成。当选择好电磁振动给料器工作点，振幅稳定，就可以实现定量给料。电磁振动给料器生产能力大，并可根据生产工艺要求调节其生产能力。

1.3.1.4 槽下运输及称量设备

槽下运输系统应完成取料、称量、运输、筛分、卸料等作业。在储矿槽下将原料按品种和数量并称量后运到料车的方法有称量车和皮带机运输（用称量漏斗称量）两种。

A　称量设备

根据称量传感原理不同，槽下称量设备可分为机械秤（即杠杆秤）和电子秤（即用电阻应变仪），从设备形式上分为称量车、称量漏斗和皮带秤。机械秤应用杠杆原理，电子秤应用电阻应变原理。现多用电子秤，其基本装置由一次元件和二次仪表组成，一次元件又称传感器，在上面贴有电阻应变片，将贴在传感器上的应变片构成电桥以便输出较大信号，这就是二次仪表，如图1-12所示。电子秤质量小，体积小，结构简单且拆装方便，不存在刀口磨损和变钝的问题，计量精度较高，一般误差不超过5%。

图 1-11　电磁振动给料器

图 1-12　电子秤

B　运输设备

现代大中型高炉多采用带式运输机系统，其自动化程度高，生产能力大，可靠性强，劳动条件也得到改善。

C　槽下筛分系统

（1）焦炭筛分：焦炭从储焦槽到料车的流程如下：

储焦槽→焦筛→称量漏斗→料车
　　　　　└─→碎焦仓→车皮

（2）烧结矿筛分：烧结矿在入炉前必须槽下过筛，使小于 5mm 的粉尘降低到 5% 以下，其流程如下：

储矿槽→电磁振动给料器→自定中心振动筛→矿石称量漏斗
　　　　　　　　　　　　　　　　└─→用皮带运输机送至烧结厂

D　料车坑

采用斜桥料车上料的高炉均在斜桥下端设有料车坑，一般布置在主焦槽的下方，在料车坑内通常安装有称焦漏斗、矿石用的称量漏斗或中间漏斗、料车、碎焦仓及其自动闭锁器、碎焦卷扬机、污水泵等。在布置时要特别注意各设备之间的相互关系，保证料车和碎焦料车运行时必要的净空尺寸。

1.3.2　上料设备

高炉上料设备的作用是把高炉冶炼过程中所需的各种原料，从地面提升到炉顶，如图 1-13 所示。

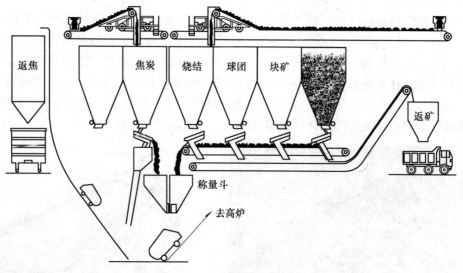

图 1-13　高炉上料系统

高炉冶炼对上料设备有下列要求：

（1）有足够的上料能力。不仅满足目前高炉产量和工艺操作的要求，还要考虑生产率进一步增长的需要。

（2）长期、安全、可靠地连续运行。为保证高炉连续生产，要求上料机各构件具有足够的强度和耐磨性，使之具有合理的寿命。为了安全生产，上料设备应考虑在各种事故状态下的应急安全措施。

（3）炉料在运送过程中应避免再次破碎。为确保冶炼过程中炉气的合理分布，必须保证炉料按一定的粒度入炉，要求炉料在上料过程中不再出现粉矿。

（4）有可靠的自动控制和安全装置，最大程度地实现上料自动化。

（5）结构简单，维修方便。要求上料机的结构具有可以快速更换、快速修理的特点。

1.3.2.1　料车式

料车式上料工艺流程如图 1-14 所示。

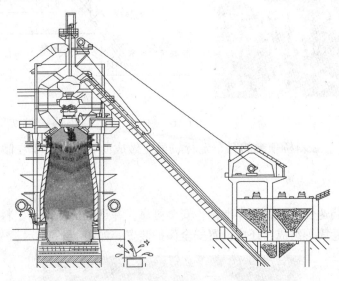

图 1-14　料车式上料

料车装料一般均由两个料车、斜桥和卷扬机三部分组成。

A　料车

料车由车体、车轮、辕架三部分组成。车体由 10～12mm 钢板焊成，底部和侧壁的内表面都镶有铸钢或锰钢衬板加以保护，以免磨损，车体的后部做成圆角以防矿粉黏结，在尾部上方有一个小窗口，供撒在料车坑内的料装回料车。料车前后两对车轮构造不同，因为前轮只能沿主轨滚动，而后轮不仅要沿主轨滚动，在炉顶曲轨段还要沿辅助轨道——分歧轨滚动，以便倾翻卸料，所以后轮做成具有不同轨距的两个轮面的形状。料车上的四个车轮是各自单独转动的。辕架是一个门形钢框，活动地连接在车体上，车体前部还焊有防止料车仰翻的挡板。一般用两根钢绳牵引料车，这样既安全又可以减小钢绳的刚度。料车结构如图 1-15 所示。

图 1-15　料车

B　斜桥

斜桥大多采用桁架式和实腹梁式两种结构，如图 1-16 所示。斜桥倾角主要取决于桥下铁路线数目和高炉的平面布置形式，一般倾角为 55°～65°；斜桥的宽度取决于内部尺寸（料车尺寸）与外部尺寸（炉顶金属框

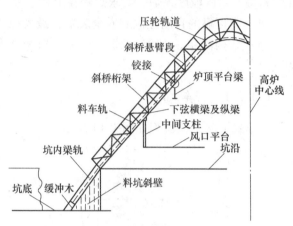

图 1-16　斜桥

架支柱间的距离)。在斜桥顶端的料车走行轨道应做成曲轨,使料车在倾翻过程中始终保持平稳。

C　卷扬机

要求卷扬机调速性良好,停车准确,安全可靠,并且能自动控制。料车卷扬机一般由马达、减速箱、卷筒等组成,还应设置安全保护装置,如图 1-17 所示。

图 1-17　卷扬机

1.3.2.2　皮带式

一般从地面到炉顶只架设一条皮带。除长时间高炉休风外,上料皮带是连续不停地运行的。炉料按照上料程序,由集中料斗下部的振动给料机将炉料均匀地布到皮带上,再由皮带运往高炉炉顶。皮带倾角,以皮带在运料过程中炉料不滚落为原则越大越好,以便缩短皮带长度,一般为12°左右,带速一般多取 120 ~ 130m/min。皮带宽度,根据所要求的瞬时最大上料能力来决定。某 2500m³ 高炉采用带式运输机上料工艺,带宽 $B = 1600mm$、倾角 11°、带速 $v = 120\text{m/min}$,上料主皮带运输机尾部高架,取消集中转运站,减少高落差造成的物料破碎。原燃料储运系统设置了可靠的自动化控制系统,实现系统全自动化操作。

皮带上料机工艺流程:在槽下用电磁振动给料器给料,振动筛筛分,称量漏斗称量,然后分别送往各自的集中料斗,按照上料程序和装料制度,开动料斗下部的电磁振动给料器,将料均匀地分布在不停运转的皮带机上,然后送往炉顶装入炉内。图 1-18 为高炉皮带机上料流程。

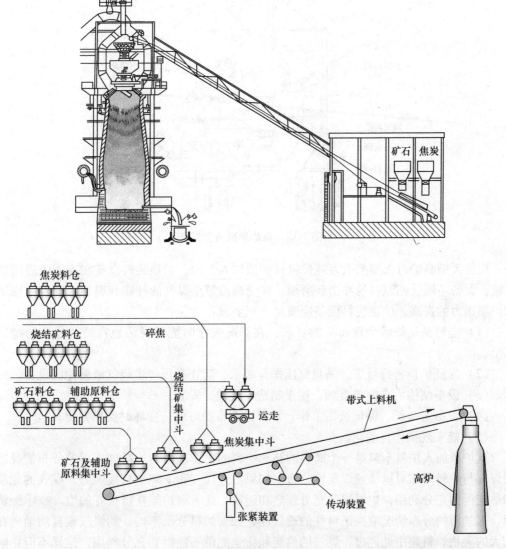

图 1-18 高炉皮带机上料流程

皮带上料机传动机构由电动机、皮带滚筒、减速机、液力耦合器和制动器组成。

为了准确监测原料位置,在胶带机长度方向上设有原料位置监测装置,共有 4 个监测点;为了确保上料胶带机在安全状态下运行,上料胶带机设有保护和监测装置。

1.3.3　炉顶装料设备

高炉炉顶装料设备的作用是按冶炼要求，向炉内合理布料，同时要严密封住炉内荒煤气不逸出炉外。图 1-19 为高炉炉顶结构组成。

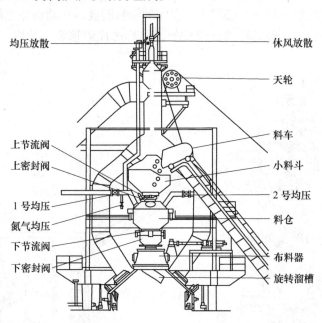

图 1-19　高炉炉顶结构组成

现代大型高炉每天要把上万吨炉料从炉顶加入炉内，炉顶装料设备在工作中启动制动频繁，设备不断受到原料的冲击和磨损，并受高温带尘煤气的冲刷和腐蚀。随着高压操作和炉顶压力的提高，炉顶装料设备应满足下列要求：

（1）能够满足炉喉合理布料的要求，在炉况失常时能够灵活地将炉料分布到指定的部位。

（2）保证炉顶密封可靠，满足高压操作要求，防止高压带尘煤气泄漏冲刷设备。

（3）设备结构力求简单合理，便于制造、运输、安装。

（4）设备寿命长，保证长期工作。日常检查维护方便，损坏时更换方便。

（5）能实现操作自动化。

从炉顶加入炉料不只是一个简单的补充炉料的工作，因为炉料加入后的分布情况影响着煤气与炉料间相对运动或煤气流分布。如果上升煤气和下降炉料接触好，煤气的化学能和热能得到充分利用，炉料得到充分预热和还原，此时高炉能获得很好的生产技术经济指标。煤气流的分布情况取决于料柱的透气性，如果炉料分布不均，则煤气流自动地向孔隙较大的大块炉料集中处通过，煤气的热能和化学能就不能得到充分利用，这样不但影响高炉的冶炼技术经济指标，而且会造成高炉不顺行，发生悬料、塌料、管道和结瘤等事故。

1.3.3.1　钟式炉顶

马基式布料器双钟炉顶由大钟、大料斗、煤气封盖、小钟、小料斗（即马基式布料器）和受料漏斗组成，如图 1-20 所示。

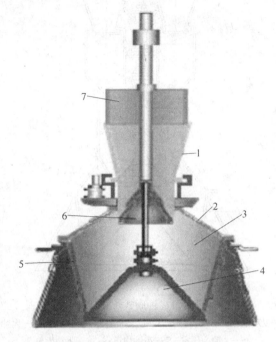

图 1-20　双钟双阀式炉顶结构

1—旋转布料器；2—煤气封盖；3—均压室；4—大钟；5—大料斗；
6—小钟；7—受料漏斗

（1）大钟：用来分布炉料，其直径与炉喉直径相配合，以保证合适的炉喉间隙。

（2）大料斗：一般做成两节，料斗壁倾角应大于 70°，厚度不超过 55mm。炉顶压力越高，大钟与大料斗之间的磨损越严重。为了减少它们之间的磨损，延长其寿命，可采取以下措施：1）采用刚性大钟与柔性大料斗结构；2）采用双倾斜角的大钟；3）在接触带堆焊硬质合金；4）在大料斗内充压，减少大钟上、下压差。

（3）煤气封盖：其与大料斗连接，是封闭大小钟之间的外壳，一般由钢板焊成。

（4）布料器：

1）马基式旋转布料器：由小钟、小料斗和小钟杆组成，位于受料漏斗之下、煤气封罩之上。这种布料设备的特点是小料斗装料后旋转一定角度，再开启小钟，一般是每批料旋转 60°（即六点布料）。其缺点是布料仍然不均，旋转漏斗与密封装置极易磨损，而更换、检修又较困难。

2）快速旋转布料器：它是在受料漏斗与小料斗之间加一个旋转漏斗，当上料机向受料漏斗卸料时，炉料通过正在快速旋转的漏斗，使料在小料斗内均匀分布，消除堆尖。

3）空转螺旋布料器：小钟关闭后，旋转漏斗单向慢速空转一定角度（每次旋转 57°或 63°），然后上料系统再通过受料漏斗、静止的旋转漏斗向小料斗内卸料。

1.3.3.2　钟阀式炉顶

这种炉顶由大钟、小钟、两个密封阀和设置在小钟与密封阀之间的旋转布料器组成，如图 1-21 所示。其结构特点是靠具有双漏料孔的旋转布料器来布料，靠小钟和密封阀来

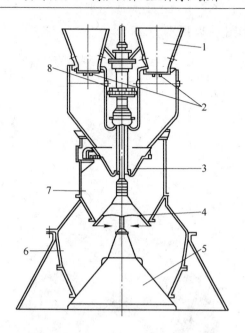

图 1-21　钟阀式炉顶结构

1—受料漏斗；2—密封阀；3—旋转布料器；4—小钟；5—大钟；
6—大钟均压室；7—小钟均压室；8—驱动齿轮

密封炉顶，大钟与大料斗内为炉喉煤气压力，大钟不起密封作用，只起布料作用。

用密封阀代替钟斗来密封，这对炉顶装料设备是一个重大革新。密封阀靠盘式阀盖与阀座上耐热硅橡胶的接触来密封，为软封，其密封性能比钟斗间钢与钢接触的硬封好。且密封阀尺寸小，重量轻，易于更换和维修，使炉顶结构简化，密封面不受炉料冲击和磨损，使用寿命长。

1.3.3.3　无钟炉顶

无钟炉顶装料设备根据受料漏斗和称量料罐的布置情况可划分为两种结构，并罐式结构和串罐式结构。图 1-22 所示为串罐式无钟炉顶的结构。

受料漏斗有带翻板的固定式和带轮子可左右移动的活动式两种。带翻板的固定式受料漏斗通过翻板来控制向哪个称量料罐卸料。带有轮子的受料漏斗，可沿轨左右移动，将炉料卸到任意一个称量料罐。

称量料罐的作用是接受和储存炉料，内壁有耐磨衬板加以保护。在称量料罐上口设有上密封阀，可以在称量料罐内炉料装入高炉时，密封住高炉内煤气。在称量料罐下口设有料流调节阀和下密封阀，料流调节阀在关闭状态时锁住炉料，避免下密封阀被炉料磨损，在开启状态时，通过调节其开度，可以控制下料速度；下密封阀的作用是当受料漏斗内炉料装入称量料罐时，密封住高炉内煤气。

旋转溜槽是半圆形的长度为 3~3.5m 的槽子，旋转溜槽本体由耐热钢铸成，上衬有鱼鳞状衬板。鱼鳞状衬板上堆焊 8mm 厚的耐热耐磨合金材料。旋转溜槽可以完成两个动作，一是绕高炉中心线的旋转运动，二是在垂直平面内改变溜槽的倾角，其传动机构在气密箱内。

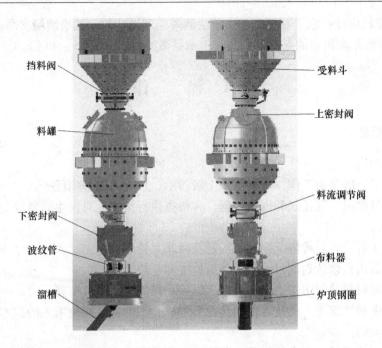

图 1-22　串罐式无钟炉顶装置示意图

1.3.3.4　均压控制装置

为了防止煤气泄漏磨损设备，并且使料钟顺利开关，在高压操作的高炉上设置了均压控制装置。双钟式装料装置有一个均压室，钟阀式装料装置有两个均压室，无料钟炉顶料罐即为均压室（两次均压）。均压控制设备主要有调压阀组、炉顶均排压设备、二次均压用氮气储存设备等。

1.3.3.5　探料装置

探料装置的作用是正确探测料面下降情况，以便及时上料。探料装置既可防止料满时开大钟顶弯钟杆，又可防止低料线操作时炉顶温度过高烧坏炉顶设备。目前常用的探料装置有以下 3 种：

（1）机械传动的探料尺：探料尺的零点是大钟开启位置的下缘，只有切去电枢上的电阻，探尺才能提升。当提升到料线零点以上时，大钟才可以打开装料。机械探尺只能测点，容易由于滑尺和陷尺而产生误差。

（2）微波式料面计：也称微波雷达，分调幅和调频两种，它由机械本体、微波雷达、驱动装置、电控单元和数据处理系统等组成。

某 2500m³ 高炉设有雷达探尺一台，紧凑式垂直探尺两台，交流变频传动，探测料线范围一般为 0～6m，分为 0～2m、2～4m、4～6m 三个区域，其中 0～2m 区为常用区域，每个区域设 11 个布料倾角控制，雷达探尺可在低料线时点测至 24m，卷筒和驱动装置装在一个很紧凑的装置内，齿轮与卷筒外壳用螺栓连接，卷筒用密封箱密封在中央，以防煤气逸出，齿轮箱的另一侧固定着电气驱动装置（包括带制动盘的电机、电气控制齿轮箱、主令控制器、编码器）。

（3）激光料面计：它是利用光学三角法测量原理设计的，其检测精度高，在煤气粉尘浓度相同和检测距离相等的条件下，其分辨率是微波料面计的 25~40 倍。

1.4　操　　作

1.4.1　岗位职责

（1）大班长：

1）负责槽下的全面工作，贯彻落实上级指示，按时完成各项任务；

2）认真贯彻岗位责任制和操作规程，并检查执行情况，对发生的事故负责组织分析，及时上报情况；

3）经常了解设备运转情况，发现问题及时联系处理；

4）负责提出检修计划项目、组织施工检查和验收工作；

5）负责原材料的使用、工具的领取、保管，做好班组经济核算；

6）负责上料系统工人的技术培训和业务考核，不断提高岗位工人的技术水平。

（2）操作工：

1）贯彻岗位责任制和操作规程，经常检查设备运行情况，发现问题及时向工长汇报并联系处理；

2）认真填写当班各种原始记录；

3）经常检查各料仓的下料情况，不正常时及时处理；

4）负责所辖区设备维护和卫生清扫；

5）负责对炉顶设备的点检和维修。

1.4.2　操作程序与要求

1.4.2.1　矿槽设备点检项目、内容

A　高炉焦、矿槽下设备主要工艺参数

某 $2500m^3$ 高炉焦、矿槽下设备主要工艺参数见表 1-10。

表 1-10　某 $2500m^3$ 高炉焦、矿槽下设备主要工艺参数

设 备 名 称	数量/台	设备规格及性能
烧结给料机	8	1400×1650　$Q = 400t/h$
块、杂、球团给料机	6（3×2）	1250×1650　$Q = 380t/h$
焦炭给料机	6	1400×1650　$Q = 100t/h$
烧结振动筛	8	棒条筛 $Q = 420t/h$
球、块、杂振动筛	6（3×2）	棒条筛 $Q = 350t/h$
焦炭振动筛	6	棒条筛 $Q = 120t/h$
碎焦振动筛	1	棒条筛 $Q = 50t/h$
粒矿振动筛	1	棒条筛 $Q = 300t/h$

设 备 名 称	数量/台	设备规格及性能
烧结矿称量斗	4	单斗有效容积为 15m³，称量范围为 0 ~ 27t
粒矿称量斗	1	单斗有效容积为 5m³
球、块、杂矿称量斗	6	单斗有效容积为 10m³，称量范围为 0 ~ 23t
焦炭称量斗	4	单斗有效容积为 15m³，称量范围为 0 ~ 7.5t
焦丁称量斗	1	单斗有效容积为 3m³，称量范围为 0 ~ 1.5t
矿、焦槽下闸门	20	800mm × 800mm
矿、焦炭称量斗液压扇形闸门	10	800mm × 800mm
焦丁仓、焦丁称量斗液压闸门	2	400mm × 400mm
粒矿仓、粒矿称量斗闸门	2	400mm × 400mm

B 振动筛

振动筛是矿槽系统的主要设备。点检的主要内容有：

（1）筛板的磨损程度；

（2）激振器运转时有无异常，润滑是否良好，定期加油（按润滑标准）；

（3）传动轴连接螺栓是否脱落松动，传动轴是否损坏；

（4）电机温度是否过高，电机轴承有无异响，电机地脚螺栓是否松动；

（5）筛体是否开焊，振动筛衬板磨损程度。

C 胶带输送机（主皮带机）

（1）输送带是否有刮痕，皮带接口部位是否开裂，皮带运行时是否跑偏；

（2）主传动滚筒胶面磨损程度，滚筒轴承是否定期加油，轴承有无异响；

（3）减速机是否缺油、有无异响，地脚螺栓是否松动；

（4）联轴器尼龙柱销磨损程度；

（5）从动滚筒、输送带托辊是否磨漏，托辊轴承有无异响。

D 碎焦、碎矿裙边倾角胶带输送机

（1）裙边皮带是否跑偏，裙边磨损程度，皮带是否有刮痕；

（2）调节丝杠是否转动灵活；

（3）压带轮磨损程度，运转时是否刮皮带，轴承有无异响。

E 焦炭称量斗、矿石称量斗

（1）下料嘴闸门是否有铁器；

（2）矿石称量斗油缸是否漏油、动作是否正常、开关是否到位；

（3）焦炭、矿石称量斗衬板磨损程度，紧固螺栓是否磨坏，衬板是否磨漏、脱落；

（4）矿称量斗闸门翻板磨损程度。

F 焦炭、矿石称斗（料坑）

（1）下料嘴距料车入料口位置是否合适，衬板磨损程度，紧固螺栓是否松动；

（2）下料嘴闸门翻板开关是否到位，驱动油缸是否漏油、动作是否正常；

（3）翻板接近开关紧固螺丝是否松动、位置是否合适等。

1.4.2.2　矿槽设备常见故障的原因及处理方法

（1）运行中振动筛振动异常、声音异常：

1）双轴激振器的偏心块不对称；

2）电机轴承故障；

3）电动机地脚螺栓松动；

4）双轴激振器轴承损坏、轴承缺油；

5）本体振裂或筛板固定螺栓松动；

6）电机与激振器中间传动轴损坏，连接螺栓松动或切断。

（2）矿石主皮带减速机运行中晃动：

1）减速机与电机安装位置不同心；

2）减速机与传动滚筒位置不同心；

3）减速机地脚螺栓松动。

（3）矿石称斗闸门翻板开关不到位：

1）接近开关位置不合适、接近开关紧固螺母松动；

2）油缸油封损坏泄漏严重、油缸内泄；

3）管路中的高压球阀阀芯损坏。

（4）运行中皮带刮伤、断裂：

1）皮带接口处开胶老化断裂；

2）皮带机上部下料嘴有铁器；

3）皮带使用时间过长，线层老化开胶；

4）称量斗衬板磨损严重，衬板螺栓磨损断裂致使衬板脱落。

1.4.2.3　上料系统装料程序

（1）当按配料程序选择由烧结矿、球团矿、块矿（或杂矿）组合的矿批时，先启动槽下供矿皮带机，再延时启动相应矿石称量斗下部液压闸门，闸门依次逐个打开至最佳放料开度，放料完毕后关闭，不允许两个或两个以上称量斗同时往供矿皮带上重叠供料，落料完毕，确认各称量斗闸门关闭后，延时开启返矿皮带、振动筛，振动给料机对矿石称量斗按预先设定的重量给料，当累计值达到设定值时，筛分给料设备停止工作，相应各矿槽的配料完毕等待下一次供料，返矿皮带延时停止运转，槽下供矿胶带机上的物料落入上料主皮带机（连续运转）再转运至炉顶装罐入炉，当供料频繁时，返矿皮带可以连续运转，正常矿批下，每批矿由 5 个矿石称量斗的矿石组成。

（2）当按配料程序选择装焦炭时，先启动供料皮带再延时开启相应焦炭称量斗下部液压闸门，沿与胶带机运行相反的方向依次逐个打开向焦炭胶带机上卸料，延时关闭各称量斗闸门。启动碎焦胶带机，同时延时开启配料焦炭称量斗上振动筛及振动给料机，对焦炭称量斗按预先设定的重量给料，当累计达到设定值时，上述设备均停止工作，相应焦槽配料完毕。焦炭落入上料胶带机再转运至炉顶料罐入炉，碎焦胶带机则继续运转一定时间，将碎焦送至碎焦筛进行筛分分级，筛上的焦丁（10～25mm）储存入焦丁仓中，经焦丁称量斗称量后按配料程序由焦丁皮带机卸入上料胶带机与矿石混装入炉。正常焦批下，每批焦由两个称量斗的焦组成。供矿及供焦过程的无限交替循环即可对高炉进行供配料。

（3）出现焦、矿闸门卡住关不严等故障时，不允许多次反复开启闸门以免拉坏设备，更不允许强制启动筛、泵、皮带以免造成跑料，上部堵料时严禁进入内部进行检查。

（4）各系统检修，全面停电或送电应有专人负责，负责人在检修期间不得更换其他人负责，检修期间岗位不得离人。

1.4.2.4 上料设备的点检项目、内容

A 减速机

（1）地脚螺栓是否松动，减速机油位、油质裂化程度。

（2）高速轴联轴器尼龙销磨损程度、是否有断裂现象。

（3）三环减速机轴承是否有异响，减速机齿板是否有异响。

（4）减速机输出轴低速齿接联轴器是否缺油，联轴器连接螺栓是否松动、切断，需定期检查紧固、更换。

（5）三环减速机箱体温度是否过高（可用风机散热）。

B 电动机

（1）电机温升是否过高。

（2）地脚螺栓是否松动。

（3）轴承是否有异响。

（4）电机轴承是否缺油。

C 电力液压制动器

（1）地脚螺栓是否松动。

（2）制动器本体是否损坏，制动器支架、拉杆是否有裂纹，弹簧是否老化。

（3）闸瓦固定销轴是否断裂，闸皮磨损程度，闸皮与抱闸轮接触面积是否小于固定值。

（4）电力液压推动器是否漏油、动作是否正常到位。

（5）停车后制动器是否抱紧、有无松动。

D 卷扬机钢丝绳卷筒

（1）轴承座地脚螺栓是否松动。

（2）轴承是否缺油，轴承是否有异响，温升是否过高。

（3）本体是否开焊，钢丝绳槽磨损程度。

（4）钢绳卷筒螺旋槽磨损程度，钢丝绳固定端钢丝绳卡子是否松动。

E 主卷钢丝绳

（1）钢丝绳磨损程度。

（2）钢丝绳是否缺油。

（3）钢丝绳变形程度。

F 料车

（1）料车车轮连接螺栓是否松动。

（2）车轮踏面磨损程度。

（3）衬板是否磨漏，衬板螺栓是否磨坏。

（4）料车轴承是否有异响、是否缺油。

（5）车轮是否啃轨道。

（6）料车轮缘轴承、各销轴转动是否灵活，是否缺油。

G　绳轮（天轮）

（1）绳槽磨损情况，绳轮轴承座连接螺栓是否有松动。

（2）轴承是否缺油，轴承是否有异响。

H　料车钢轨

（1）钢轨踏面磨损程度，压板螺栓是否松动。

（2）钢轨有无变形。

（3）料车运行时有无异响、晃动、振动。

1.4.2.5　上料设备常见的故障原因及处理方法

（1）减速机低速联轴器绞制孔螺栓松动、切断。

1）故障原因：

①两个半联轴器不同心径向偏差大（应找正安装位置）。

②两个半联轴器法兰盘螺栓孔中心距尺寸有误差。

③绞制孔螺栓材质，热处理未达到要求（选用符合材质要求的螺栓）。

④三环减速机传动部件出现故障，或轴承突然损坏，造成绞制孔螺栓切断。

2）处理方法：

①用百分表找正安装位置。

②利用检修机会更换半联轴器，校对安装尺寸。

③选用符合材质、热处理要求的螺栓。

④处理三环减速机出现的故障。

（2）主卷减速机齿板定位销折断。

1）故障原因：

①减速机环板与齿圈定位销材质不符合要求。

②定位销公差不符合要求，使用过程中出现间隙。

③减速机受外力影响使齿板定位销折断。

2）处理方法：更换、修理。

（3）料车墩车、落轨：

1）故障原因：料车钢丝绳变形大，左右两根钢丝绳松紧程度不一致。

2）处理方法：定期紧固料车钢丝绳。

1.4.2.6　炉顶装料、布料程序

高炉所需炉料由原料电子秤所使用的计算机按上料矩阵的要求将炉料集中于焦炭称量斗和矿石称量斗，然后根据炉顶计算机发来的"料批请求"信号，开闸门将炉料漏于供料皮带再倒入主皮带运送到炉顶上料罐。当称量罐空，下密封阀、料流阀关闭到位，打开均

压放散阀对称量罐卸压，随后开启上密封阀、上料闸，将受料罐（上料罐）中炉料装入下料罐（称量罐）。装料完毕，关闭上料闸、上密封阀和均压放散阀，并向下料罐均压，若一次均压不到位，应开启二次均压，直至料罐内压力大于炉内压力，探尺探料降至规定料线深度，提升到位后，开下密封阀及料流调节阀，用料流阀的开度大小来控制料流速度，炉料由布料溜槽布入炉内，布料溜槽每布一批料，其起始角均较前批料的起始角度步进60°，整个过程的无限循环即完成高炉的装料、布料程序。

1.4.2.7　炉顶设备的点检项目及内容

A　气密箱

（1）气密箱运转是否灵活，有无卡阻现象，有无异响。

（2）冷却水压力、流量是否正常。

（3）轴承有无异响。

（4）是否定期润滑加油。

（5）溜槽布料角度是否正常，气密箱倾动机构涡轮涡杆有无磨损（定期检查磨损程度），溜槽衬板磨损程度。

（6）气密箱冷却水回水流量是否正常，U型管是否堵塞。

B　行星减速机

（1）转动是否正常，电机电流值是否在允许的范围内，转动时有无异响。

（2）加油管有无漏油现象。

（3）齿轮箱轴承有无异响，油位是否在规定的范围内，传动轴是否断裂。

（4）箱体上端盖密封是否损坏、是否漏油。

（5）下传动轴填料是否松动，有无漏气、漏油现象。

（6）电机连接螺栓是否紧固。

（7）下传动轴齿轮是否松动，轴端压盖螺钉是否松动、切断。

C　上密封阀

（1）运行时开关是否到位，有无卡阻现象。

（2）密封是否严密，轴向填料密封是否跑煤气，填料密封处是否缺油（定期紧固填料压盖螺钉、定期加油润滑），填料润滑油道是否堵塞。

（3）油缸与阀连接件有无松动。

（4）驱动油缸是否漏油、是否内泄，油管、接头是否漏油等。

（5）阀体衬板是否磨漏，壳体是否磨漏、跑气。

（6）上密封阀关到位时是否漏气，密封口处是否积灰，硅胶圈是否损坏。

（7）传动轴承是否缺油，转动时是否灵活，轴承有无异响。

D　均压放散阀

（1）均压放散阀是否开关到位、是否跑气，密封圈是否损坏，接近开关位置是否与阀开关位置一致。

（2）活塞杆填料是否漏气，活塞杆磨损程度，填料压盖是否损坏、是否缺油。

（3）连接螺栓是否松动。

（4）油缸是否内泄，油封是否漏油，油管接头是否泄漏。

（5）均压放散阀法兰密封是否损坏、跑气。

E　翻板阀

（1）动作是否灵活，翻板是否到位，有无卡料现象。

（2）油缸是否内泄，油封是否漏油。

（3）衬板是否磨损。

F　炉顶液压站

（1）换向阀、节流、液压锁动作是否灵活、是否内泄。

（2）各阀管路有无漏油，管路高压球阀是否损坏漏油。

（3）液压泵运转是否正常、有无异响、是否漏油。

（4）油箱油位、油温、压力是否在规定的范围内。

（5）电磁溢流阀动作是否正常，蓄能器压力是否在规定的范围内。

G　炉顶放散阀

（1）生产中是否有跑煤气现象，密封圈是否损坏，压紧圈是否损坏。

（2）油缸是否内泄，油封是否漏油，油管是否漏油损坏。

（3）销轴、连接件是否松动损坏。

（4）连接螺栓是否松动，法兰垫有无损坏漏煤气。

H　氮气系统

（1）氮气罐是否漏气，安全阀是否损坏，减压阀是否减压正常。

（2）氮气管路止回阀阀板是否损坏，管路有无堵塞现象。

I　受料斗（上料罐）

（1）衬板是否磨漏。

（2）紧固螺栓是否松动、是否磨损。

J　称量罐（下料罐）

（1）衬板是否磨漏、是否脱落。

（2）紧固螺栓是否松动、是否损坏。

K　下密封阀

（1）运行时开关是否到位，有无卡阻现象。

（2）密封是否严密，轴向填料密封是否跑煤气，填料密封处是否缺油。

（3）其油缸与阀连接件有无松动。

（4）驱动油缸是否漏油、是否内泄，油管、接头是否漏油等。

（5）下密封阀关到位时密封是否漏气，硅橡胶圈是否损坏，内外封环是否磨损导致密封不严漏气。

（6）传动轴承是否缺油，转动时是否灵活，轴承有无异响。

L　料流调节阀

（1）运行时开关是否到位，有无卡阻、卡料现象。

（2）轴向填料密封是否跑煤气，填料密封处是否缺油（定期紧固填料压盖螺钉、定期加油润滑）。

（3）其油缸与阀连接件有无松动。

（4）驱动油缸是否漏油、是否内泄，油管、接头是否漏油等。

（5）传动轴承是否缺油，转动时是否灵活，轴承有无异响。

1.4.2.8 无料钟操作事故的诊断及处理

A 故障一：溜槽不转

溜槽不转，是无料钟操作的典型故障之一。溜槽不转的原因很多，最经常出现的是密封室（箱体）温度过高引起的齿轮传动系统不转。密封室（箱体）正常温度为35~50℃，最高不超过70℃。超过70℃，常出现溜槽不转故障。溜槽不转时需要分析原因，不要轻易人工盘车，更不要强制启动，防止烧坏电动机或损坏传动系统。

密封室（箱体）温度高，应按以下顺序分析，并找出原因：

（1）顶温过高引起密封室（箱体）温度高。

（2）密封室（箱体）冷却系统故障。用氮气、煤气或水冷却的密封室（箱体），应检查冷却介质的温度和流量是否符合技术条件。冷却介质的温度不应超过35℃。

（3）如果以上两项均正常，密封室（箱体）温度经常偏高，应检查密封室（箱体）隔热层是否损坏。

虽然溜槽传动系统也可能会因机械原因出现故障，如润滑不好、灰尘沉积等造成故障，但这种情况的发生率比较低。溜槽不转，经常是炉顶温度高引起的，但有时短时间减风或定点加一批料，顶温也能下降，转动溜槽即恢复正常。

B 故障二：放料时间过长或料空无信号

料罐放料，有时很长时间放不完料，料空又无信号，不能正常装料。

造成这种情况有两种可能的原因：

（1）料罐或导料管有异物，通路局部受阻或全部堵死。

（2）密封阀不严或料罐漏气。不论哪种原因，都需要作出正确的判断，否则会损失很多时间。料罐漏气，一般不是磨损原因，多半是固定衬板的螺孔处或人孔垫漏气造成的。料罐不密封，放料过程中炉内煤气沿导料管向上流动，阻碍炉料下降，特别是阻碍焦炭下降。在并罐式高炉上一个罐漏气会影响另一个罐放料。

二者区别是异物阻料还是密封阀关不严，判断比较简单。导料管或料罐卡料，可用放风处理做检查。料罐漏风或密封阀不严，只要停1~3min，罐内的炉料很快放空。如果是卡料，停风处理，依然无效，采取休风后检查处理。

"料空"信号不来时，应立即通知有关人员检查BLT称量系统（注意：严禁原因不明发"料空"信号，以防发生重料事故）。

C 故障三：导料管或料罐卡料

如果料罐卡料，会经常出现放料过慢或放不下料，甚至下密封阀关不到位，造成被迫停风的故障。为作出准确判断，停风时关好上密封阀，向罐内充氮气，同时反复开、关料流调节阀，利用料流调节阀开关，振动炉料，使料流到炉内。如果这样处理3~4min还不起作用，即可判断为卡料。

卡料处理较复杂，处理顺序如下：

（1）停风；

（2）停充压氮气，关充压阀，开放散阀。

（3）打开人孔，从人孔将罐内炉料掏出。

（4）观察异物卡料位置，从人孔处将异物取出。

（5）有时在料罐外难以将异物取出，要求进入罐内。

为防止煤气中毒，应采取以下措施：

（1）炉顶点火和关闭重力除尘器切断阀。

（2）检查罐内气体，CO 的质量浓度不大于 $30mg/m^3$。

（3）开上密封阀和放散阀，关充压阀。

（4）用细胶管（一般用氧气带）引入压缩空气。

为防止卡料，要求烧结、焦化、炼铁等工序内，凡炉料经过的设施以及相应的除尘罩等，其结构应牢固可靠，特别是闸门和振动筛，最易局部损坏造成部件脱落。对上料设施的焊缝要有检查制度和严格清扫制度，不允许将异物扔到皮带上，在运料皮带上应设除铁器。

D　故障四：料过满或重料

造成料过满的原因有两种：

（1）程序错误，一个罐连续装入两批料。

（2）"料空"信号误发，实际料罐中尚有余料，第二批料（或者第二种料）又装入罐内，造成料满，上密封阀关不上或溢出料罐。

在上密封阀关不到位或根本不能关的情况下，要检查罐重显示，如罐重超过正常限额，可能料过满，利用旋转炉顶摄像镜头观察是否有炉料溢出罐外，必要时到炉顶检查。

确认料过满后，应进行放风处理，一般放风 3～5min，放净一罐料。放风料仍不下时，需要做停气休风处理。个别情况下，如停气休风料也不下，可在停风的同时向料罐充压，强迫炉料下降。

对于并列式料罐，下密封阀不严造成剩料是屡见不鲜的，要保持下密封阀不漏气，应及时更换硅胶圈。硅胶圈漏气，易将阀座磨坏，而补焊阀座的劳动条件又很差，焊后还要研磨，费工费时；如需更换阀座，时间更长。

E　故障五：溜槽磨漏

溜槽在炉内，无法直接观察。溜槽从磨损到磨漏有一段过程，磨漏初期因通过磨漏处的炉料较少，一时很难发现。特别是第一次磨漏，一般征兆不明显，判断困难，有时甚至误以为是炉料强度或粒度变化引起的，而调整装料制度和送风制度，实际上不起作用。

磨漏前后的表现：高炉煤气分布开始变化，初期炉况还能维持，很快会造成高炉失常，中心逐渐加重，边缘减轻；另一个特点是煤气分布不均，几个方向的煤气分布差别很大，而且这种差别是固定的。

发现溜槽磨漏应及时更换。最好利用检修时间定期更换，防止因磨穿溜槽造成巨大损失。

1.4.2.9　应急措施与验证方法

（1）主电机温升过高时：

1）检查负载是否过大；

2）检查电流是否在允许范围内；

3）检查电机轴承温度是否在允许范围内；

4）检查电机运转声音是否正常。

（2）供料皮带电机温升过高时：

1）电机、减速机温度是否在允许范围内；

2）减速机是否缺油；

3）联轴器运转是否灵活、正常；

4）认真检查异常声音的来源；

5）分析判断故障原因。

（3）槽下给料设备返矿、返焦粒度过大。筛下返矿、返焦粒度超标，检查筛条磨损情况，判断筛条间隙大的部位，停机进行处理。

（4）探尺提升故障电气原因：

1）检查 PLC 是否有输出，若无则检查程序原因；

2）检查显示屏有无上限、上超或检修位信号；

3）检查探尺主令控制器接点；

4）检查抱闸接触器是否吸合；

5）检查变频器是否有输出；

6）检查现场电机接线及电机本体。

（5）探尺提升故障机械原因：

1）检查电机抱闸是否打开；

2）检查联轴器是否松动；

3）检查减速机是否有卡阻。

（6）探尺放尺故障机械原因：

1）检查电机抱闸是否打开；

2）检查联轴器是否松动；

3）检查减速机是否有卡阻；

4）检查探锤是否脱落。

（7）阀门不能开关电气原因：

1）检查液压站工作是否正常；

2）检查 PLC 是否有输出，若无则检查程序原因；

3）检查相应电磁铁是否吸合；

4）检查显示屏是否有正确的开关信号；

5）检查接近开关固定是否牢固，信号指示是否正确。

1.4.3　注意事项

（1）进入煤气区域或上炉顶检查时，必须填写《上炉顶作业申请单》且两人以上，并且带好煤气报警器，观察好风向才可以上炉顶。

（2）现场手动操作时不可离开机器或不作监视，室内操作选手动时要时刻注意机器的运行状态，在满足要求时要立即转为自动。

（3）发现电机设备异常时，必须立即停机，切断动力电源，并联系处理。

（4）主皮带系统的工作制是自动工作制，只有在事故情况或检修时才可改为手动。主皮带系统各种保护装置严禁调整、短接，当保护装置动作后，必须查明确切原因，并排除故障方可正常工作，若经查明是保护装置误动作，可临时短接，但必须立即通知机电维修人员进行处理。主皮带提升系统严禁超载。

（5）各系统在正常工作时为自动或集中键盘操作，在此种操作方法不能正常工作时必须通知有关人员进行处理，严禁机旁操作代替自动或集中键盘操作。

（6）所有 PLC 系统保护装置严禁短接、失效和改动，必须强制时应通知电气专业人员查明动作原因之后，才能进行临时短接，并确保安全，做好记录。在线运行的 PLC 必须在"自动"位置，并不得任意拨动各设备的拨码开关。

（7）装配料系统的正常工作是自动联锁控制，在一般情况下，各输入、输出点不准任意短接，严禁用手推接触器、继电器强制工作。

（8）处理故障时，必须进行信号确认，通知室内并在操作箱机旁，确认动力电源已经停电方可工作。

（9）禁止在作业设备下通行，禁止用手触摸旋转部件，发现设备出现故障时必须停机检查。

（10）交接班必须现场交接，填写好交接班记录本，包括本班设备运行状况、注意事项、故障处理等。

1.4.4　高炉装料操作

高炉装料操作程序如下：

（1）原燃料仓位选择。

（2）原燃料筛分检测。

（3）装料参数的输入：

1）配料设定：根据变料通知单的数值输入称量斗配料的重量。

2）料批设定。

3）布料设定：

①选择布料方式（只能选择其中一种）。

②根据变料通知单的数值输入布料倾角、圈数、流量阀开度、料线等参数。

（4）装料设备的操作与监控。

1）斜桥料车的手动操作程序：

①上料前各设备的电源开关已闭合，调整好电子秤设定值或微机控制的有关数据。料序已设定完毕，称量漏斗已称好料待用，料坑翻板与空料斗接通，料坑门关闭严密。

②将槽下开关选择为手动。

③打皮带启动铃一声，启动仓下皮带。

④按料单编排程序，打开待上原料的称量漏斗闸门，将料放入皮带，运至料坑。

⑤料放净后，关称量漏斗闸门，启动振动筛，当称量斗原料重量达到设定数值时，电子秤发出料满信号，停止振动筛工作。

⑥向卷扬机发料坑有料信号。

⑦料车对入料坑后，开料坑门装料入车，同时通过机械联锁装置，使翻板与另一料斗接通。

⑧关料坑门，通知卷扬料车上料。

⑨按料单程序进行下一料车操作。

⑩暂停上料时，停仓下皮带。

2）装料设备的自动操作程序与监控：

①全面检查皮带、机械、液压、冷却监测设备和开关信号等有无问题，一切正常时，将槽下皮带选择为投入及自动，槽下系统选择为自动，将炉顶设备各动作阀门和设备的选择开关选择为自动，整个系统将按照设定的程序进行装料。

②装料系统自动运行后，要经常检查微机显示屏上的操作内容是否有误；操作内容与实际行动是否一致；各种声光信号与实际行动是否一致。

3）无钟炉顶手动操作程序：

①将各种动作阀门和设备的选择开关调至手动状态。

②启动液压油泵，使液压系统进入运行状态。

③启动上行料车（或皮带），将料倒入受料漏斗。

④打开料罐均压放散阀，打开上密封阀，开上料闸，待受料斗的物料进入料罐后，关上料闸，关上密封阀及均压放散阀。

⑤开一次均压阀，下灌满压后，关一次均压阀，开二次均压阀。

⑥打开下密封阀，延迟数秒后，开料流调节阀，待料罐内物料全部流出，由射线仪发出空料信号后延时数秒，关闭料流调节阀，关闭下密封阀，关二次均压，将探尺放至料面。

⑦循环上料。

思 考 题

（1）简述料罐不均压或均压缓慢的原因及处理方法。

（2）叙述溜槽不转的原因及处理方式。

（3）料罐满料的原因有哪些？如何处理？

（4）称量罐信号失常时的操作注意事项有哪些？

（5）叙述料罐膨料的原因。怎样处理？如何预防？

（6）完成原料工仿真操作。

（7）根据装料制度按照生产单位的技术条件、设备条件和各种操作规程，完成炉顶装料工作。

实训项目 2　高炉热风炉岗位操作

实训目的与要求：

（1）知道送风系统各设备的类型、结构、特点，并能够正确进行设备操作和日常点检；

（2）知道烧炉方式和送风方式，能够正确进行换炉操作；

（3）知道热风炉的控制参数，并能准确进行参数的控制；

（4）知道双预热及余热回收的原理并会设备操作；

（5）知道煤气的基本知识；

（6）知道休风、送风、倒流、煤气吹扫及引送煤气操作；

（7）能发现异常，会处理一般性生产故障。

相关知识：

热风带入高炉的热量约占总热量的1/4，目前鼓风温度一般为1000~1250℃，最高可达1350℃。提高风温是降低焦比的重要手段，有利于增大喷煤量。

准确选择送风系统鼓风机，合理布置管路系统，阀门工作可靠和热风炉工作效率高是保证高炉优质、高产、低耗的重要因素。

2.1　高炉送风系统组成

高炉送风系统包括高炉鼓风机、冷风管路、热风炉、热风管路、风口以及管路上的各种阀门等，如图2-1所示。

2.1.1　高炉冶炼对鼓风机的要求

高炉鼓风机是用来提供燃料燃烧所必需的氧气的设备，热空气和焦炭在风口燃烧所生成的煤气，需在鼓风机提供的风压下才能克服炉料阻力从炉顶排出。高炉冶炼对鼓风机的要求有：

（1）要有足够的鼓风量。高炉鼓风机向高炉提供足够的空气，以保证焦炭的燃烧。每吨干焦消耗标态风量主要与焦炭灰分和鼓风湿度有关，一般在2450~2800m³，也可根据炉料及生铁、煤气的成分计算。

（2）要有足够的鼓风压力。高炉鼓风机出口风压应能克服送风系统和料柱的阻力损失，保证高炉炉顶压力符合要求。

（3）均匀、稳定地送风，良好的调节性能和一定的调节范围。高炉冶炼要求固定风量操作，以保证炉况稳定顺行，此时风量不应受风压波动的影响。但有时需要定风压操作，

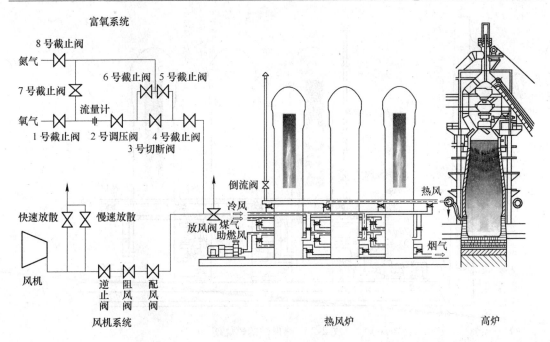

图 2-1 高炉送风系统

如在解决高炉炉况不顺或热风炉换炉时，需要变动风量但又必须保证风压的稳定。此外，高炉操作中常需加、减风量，如在不同气象条件下，采用不同炉顶压力，或料柱阻力损失变化时，都要求鼓风机出口风量和风压能在较大范围内变化。因此，鼓风机应具有良好的调节性能和一定的调节范围。

2.1.2 热风炉

2.1.2.1 热风炉工作原理

热风炉是高炉鼓风的预热器。热风炉的种类很多，但它们的基本工作原理是相同的，即利用高炉煤气（或混合煤气）燃烧产生的高温废气加热热风炉内的蓄热室格子砖（或耐火球），使格子砖（或耐火球）吸收废气的热量，达到 1200～1400℃ 的高温，经过一段保温时间，使格子砖内外温度基本一致后，通过换炉操作，送往高炉的鼓风穿过处于高温状态的蓄热室格孔（或球层），吸收格子砖（或耐火球）的热量，达到或接近燃烧过程中格子砖（或耐火球）的温度。蓄热式热风炉呈周期性工作，一个工作周期有燃烧期、送风期和切换炉期三个过程。图 2-2 为热风炉处于燃烧状态。一般一座高炉有 3～4 座热风炉。

2.1.2.2 蓄热式热风炉结构组成

蓄热式热风炉由拱顶、燃烧室和蓄热室等几部分构成。

2.1.2.3 热风炉结构形式

世界上正在使用的热风炉，种类繁多，各具特色，有铸铁管式、内燃式、外燃式（又

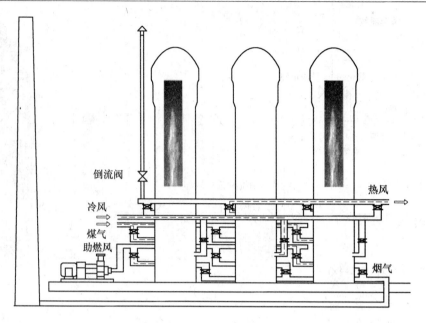

图 2-2　热风炉的燃烧期

分为马琴式、考贝式、地得式、新日铁式等）、顶燃式以及小高炉用的石球式热风炉。图 2-3 是热风炉的 3 种结构形式。

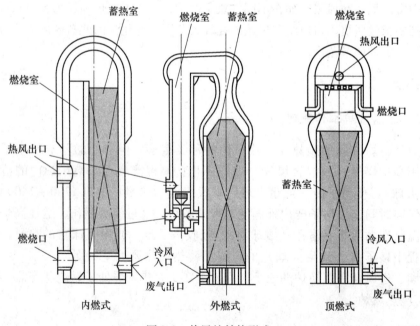

图 2-3　热风炉结构形式

A　内燃式热风炉

内燃式热风炉基本结构如图 2-4 所示。它由炉衬、燃烧室、蓄热室、炉壳、炉箅子、支柱、管道及阀门等组成。燃烧室和蓄热室砌在同一炉壳内，之间用隔墙隔开。其基本工作原理是煤气和助燃空气出管道经阀门送入燃烧器并在燃烧室燃烧，燃烧的热烟气向上运动经过拱顶时改变方向，再向下穿过蓄热室，然后进入烟道，经烟囱排入大气。热烟气穿过蓄热室时，将蓄热室内的格子砖加热。格子砖被加热并蓄存一定热量后，热风炉停止燃烧，转入送风。送风时冷风从下部冷风管道经冷风阀进入蓄热室，通过格子砖时被加热，经拱顶进入燃烧室，再经热风出口、热风阀、热风总管送至高炉。

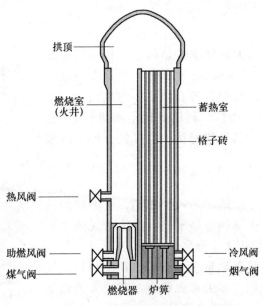

图 2-4　内燃式热风炉结构

B　外燃式热风炉

外燃式热风炉由内燃式热风炉演变而来，其工作原理与内燃式热风炉完全相同，只是燃烧室和蓄热室分别在两个圆柱形壳体内，两个室的顶部以一定方式连接起来。不同形式外燃式热风炉的主要差别在于拱顶形式，根据两个室的顶部连接方式的不同可以分为四种基本结构形式，如图 2-5 所示。

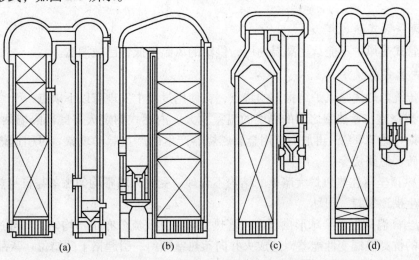

图 2-5　外燃式热风炉结构示意图
(a) 考贝式；(b) 地得式；(c) 马琴式；(d) 新日铁式

地得式外燃热风炉拱顶由两个直径不等的球形拱构成，并用锥形结构相互连通。考贝式外燃热风炉的拱顶由圆柱形通道连成一体。马琴式外燃热风炉蓄热室的上端有一段倒锥形，锥体上部接一段直筒部分，直径与燃烧室直径相同，两室用水平通道连接起来。地得式外燃热风炉拱顶造价高，砌筑施工复杂，而且需用多种形式的耐火砖，所以新建的外燃热风炉多采用考贝式和马琴式。

C　顶燃式热风炉

顶燃式热风炉又称为无燃烧室式热风炉，其结构如图 2-6 所示。顶燃式热风炉的热风阀、燃烧阀、燃烧器均放置在热风炉的顶部，热风炉高温区各孔口，如热风出口、燃烧口、人孔均采用组合砖砌筑，利用炉顶空间进行燃烧，取消了侧燃室或外燃室，其结构对称、温度区分明、占地小、效率高、投资少。

D　球式热风炉

球式热风炉的结构与顶燃式热风炉相同，所不同的是蓄热室用自然堆积的耐火球代替格子砖。由于球式热风炉需要定期卸球，故目前仅用于小型高炉。

耐火球重量大，因此蓄热量多，从传热角度分析，气流在球床中的通道不规则，多为紊流状态，有较大的热交换能力，热效率较高，易于获得高风温。

球式热风炉要求耐火球质量好，煤气要干净，煤气压

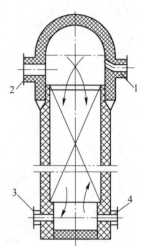

图 2-6　顶燃式热风炉
1—燃烧器；2—热风出口；
3—烟气出口；4—冷风入口

力要高，助燃风机的风压、风量要大，否则煤气含尘多时，会造成耐火球间隙堵塞，甚至耐火球表面渣化黏结，变形破损，大大增加了阻力损失，使热交换变差，风温降低。煤气压力和助燃空气压力大，才能充分发挥球式热风炉的优越性。

2.1.2.4　各种类型的热风炉的特点

A　铸铁管式热风炉

铸铁管式热风炉不能承受高温高压，供给的风温很低，已被淘汰。

B　内燃式热风炉

由于传统内燃式热风炉结构上的特点，在使用过程中发现有以下缺点：

（1）燃烧室与蓄热室之间的隔墙的温差太大。内燃式测定火井底部隔墙两侧的温差，在送风末期可达 700℃，再加上使用金属燃烧器产生的严重脉动现象，可引起燃烧室产生裂缝、掉砖、短路烧穿。

（2）拱顶坐落在热风炉大墙上的结构不合理。受到大墙不均匀涨落与自身热膨胀的影响，而产生拱顶裂缝、损坏。

（3）当高温烟气由半球形拱顶进入蓄热室时，其气流分布很不均匀，局部过热和高温区所用砖的抗高温蠕变性能差，造成火井向蓄热室倾斜，引起格子砖错位、紊乱、扭曲。

（4）由于高炉的大型化和高压操作，风压越来越高，热风炉已成为一个受压容器，加之热风炉壳体随着耐火砌砖的膨胀而上涨，将炉底板拉成"碟子状"，以致焊缝拉开，炉

底板拉裂，造成漏风。

（5）由于热风炉存在周期性振动和上、下涨落运动，经常出现热风支管损坏，即生产中称为"短路烂脖子"现象。

为了克服传统内燃式热风炉的缺点，对内燃式热风炉的拱顶结构形式、燃烧室与蓄热室的隔墙、燃烧器等，进行了彻底的改造。

（1）拱顶由传统的半球顶改为悬链线顶或锥形顶，并坐落在箱梁上，重点解决拱顶的破损和气流的分布不均匀问题。

（2）在隔墙的中、下部增设绝热夹层和耐热合金钢板，解决火井掉砖和短路问题。

（3）改金属燃烧器为陶瓷燃烧器，改善燃烧，消除脉动，减少火井破损。

（4）火井改为圆形或眼睛形，圆形的结构形式稳定，但燃烧室占面积大；眼睛形燃烧室占面积小，气流分布较为均匀，但火井结构不够稳定，为增加隔墙的稳定性，应加大隔墙厚度，使与热风炉大墙呈滑动接触，大墙上设有滑动沟槽，使隔墙成为独立而稳固的自由涨落结构。

内燃式热风炉主要特点是：结构较为简单，钢材及耐火材料消耗量较少，建设费用较低，占地面积较小。不足之处是蓄热室烟气分布不均匀，限制了热风炉直径进一步扩大；燃烧室隔墙结构复杂，易损坏；送风温度超过 1000℃ 有困难。

C 外燃式热风炉

外燃式热风炉由于燃烧室与蓄热室的连接和拱顶的形状不同，有地得式、考贝式、马琴式和新日铁式 4 种结构形式。由于马琴式和新日铁式气流分布均匀，而地得式拱顶结构庞大，且稳定性较差，考贝式则气流分布较差，因此，20 世纪 70 年代以后已不再建造考贝式，而是建造马琴式、新日铁式和一种改进的地得式热风炉。

外燃式热风炉的优点是：蓄热室内气流分布较均匀，其中以马琴式和新日铁式的气流分布最好，由于燃烧室是独立的，因而可以避免隔墙烧穿或倒塌等事故。

外燃式热风炉的不足之处是：

（1）比内燃式热风炉的投资多，钢材和耐火材料消耗大。

（2）砌砖结构复杂，需要大量复杂的异形砖，对砖的加工制作要求很高。

（3）拱顶钢结构复杂，施工困难，而且由于结构不对称，受力不均匀，不适应高温和高压的要求。燃烧室和蓄热室之间的不均匀膨胀问题很难处理，在高温高压的条件下炉顶连接管容易偏移或者开裂窜风。

（4）由于钢结构复杂，在高温高压的条件下容易造成高应力部位产生晶间应力腐蚀，钢壳开裂，从而限制了风温的继续提高。

（5）外燃式热风炉不宜在中小型高炉上使用。

D 顶燃式热风炉

顶燃式热风炉取消了侧面的燃烧室，从根本上消除了内燃式热风炉的致命缺点。顶燃式热风炉炉顶是对称结构，受力均匀，结构强度和稳定性较好，而且炉型简单，施工方便，节省钢材和耐火材料。采用短焰燃烧器，直接在拱顶处燃烧，由于热气流动距离缩短，减少了热损失。温度区域分明，改善了耐火材料的工作条件，下部工作温度低，荷重大，上部工作温度高，荷重小。可以适当提高耐火材料的工作温度，并能延长其使用寿命。

但是，顶燃式热风炉的燃烧器、燃烧阀、热风阀等设备均在炉顶，位置较高，要求配备提升设备进行安装和检修。

某 $2500m^3$ 顶燃式热风炉主要技术性能指标见表 2-1。

表 2-1　某 $2500m^3$ 顶燃式热风炉主要技术性能指标

热风炉座数/座	3
热风炉外壳直径/m	$\phi9.84/\phi1.39/\phi11.26$
热风炉全高/m	47.1
燃烧器形式	顶燃式
拱顶形式	锥台
蓄热室断面积/m^2	61
格子砖高度/m	23.88
格砖形式	19 孔三定位蜂窝形
格砖流体直径/mm	$\phi30$
格砖厚度/mm	120
格砖加热面积/$m^2 \cdot m^{-3}$	48
单位炉容加热面积/$m^2 \cdot m^{-3}$	83.8
单位鼓风加热面积/$m^2 \cdot Nm^{-3} \cdot min^{-1}$	39.5
单位鼓风砖重/$t \cdot Nm^{-3} \cdot min^{-1}$	1.05
每座热风炉加热面积/m^2	69805

2.1.2.5　热风炉管道

热风炉是高温、高压装置，其燃料易燃、易爆且有毒。因此，热风炉的管道与阀门必须工作可靠，能够承受高温及高压，所有阀门必须具有良好的密封性；设备结构应尽量简单，便于检修，方便操作；阀门的启闭装置应设有手动操作方式，启闭速度应能满足工艺操作的要求。热风炉的管道、阀门等设备的配置情况如图 2-7 所示。

热风炉系统设有冷风总管和支管、热风总管和支管、热风围管、混风管、倒流休风管、净煤气主管和支管、助燃空气主管和支管。

（1）冷风管道。冷风管道通常用厚 4～12mm 钢板焊接而成。由于冷风温度在冬季和夏季差别较大，为了消除热应力，故在冷风管道上设置伸缩圈，以便冷风管能自由伸缩。

（2）热风管道。热风管道由厚约 10mm 的普通钢板焊成，要求密封性好且热损失小，故管内衬耐火砖，砖衬外砌绝热砖（轻质黏土砖或硅藻土砖），最外层垫石棉板以加强绝热。近几年，有些厂家在热风管道内表面喷涂绝热层。

（3）混风管。混风管是为了稳定热风温度而设的，根据热风炉的出口温度高低而渗入一定量的冷风。

（4）倒流休风管。倒流休风管实际上是安设在热风总管后端上的烟囱，用厚约 10mm的钢板焊接而成，因为倒流时气体温度很高，所以下部要砌一段耐火砖，并安装水冷阀门（与热风阀同），平时关闭，倒流时才打开。

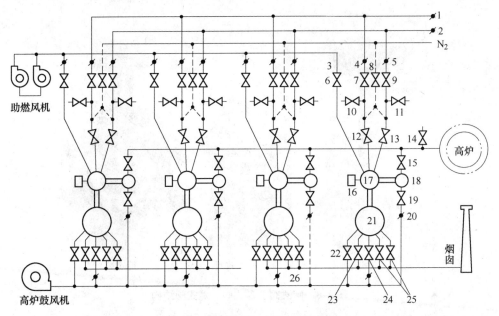

图 2-7　外燃式热风炉阀门布置图

1—焦炉煤气压力调节阀；2—高炉煤气压力调节阀；3—空气流量调节阀；4—焦炉煤气流量调节阀；

5—高炉煤气流量调节阀；6—空气燃烧阀；7—焦炉煤气阀；8—吹扫阀；9—高炉煤气阀；

10—焦炉煤气放散阀；11—高炉煤气放散阀；12—焦炉煤气燃烧阀；13—高炉煤气燃烧阀；

14—热风放散阀；15—热风阀；16—点火装置；17—燃烧室；18—混合室；19—混风阀；

20—混风流量调节阀；21—蓄热室；22—充风阀；23—废风阀；24—冷风阀；

25—烟道阀；26—冷风流量调节阀

2.1.2.6　热风炉阀门

热风炉用的阀门应该设备坚固，能承受一定的温度，保证高压下的密封性好，使漏气减到最少，开关灵活，使用方便，设备简单易于检修和操作。

（1）热风炉系统的阀门按工作原理可分为三种基本形式：

1）闸式阀。闸式阀的闸板开闭方向和气体流动方向垂直，构造较为复杂，但气密性好。适用于洁净气体的切断。

2）盘式阀。盘式阀阀盘开闭的运动方向与气流方向平行，构造比较简单，多用于切断含尘气体，密封性差，气流经过阀门时方向转90°，故阻力较大。

3）蝶式阀。蝶式阀是中间有轴可以自由旋转的翻板，其开度大小可以调节气体流量。它调节灵活准确，但密封性差，故不能用于切断。

三种阀门结构形状如图 2-8 所示。

（2）阀门按用途可分为燃烧系统阀门和送风系统阀门。

属于燃烧系统的阀门有煤气调节阀、煤气切断阀、烟道阀；属于送风系统的阀门有放风阀、热风阀、冷风阀、混风阀、废气（风）阀。

1）煤气调节阀。属于蝶式阀，用来调节煤气流量。自动控制燃烧时，煤气调节阀由电动执行机构来带动。

2）煤气切断阀。属于闸式阀，用来在送风期时切断煤气。

闸式阀　　　　　　盘式阀　　　　　　蝶式阀

图 2-8　闸式阀、盘式阀、蝶式阀结构

3）烟道阀。属于盘式阀，用于热风炉在燃烧期时打开，将废气排入烟道；在送风期时，则关闭以隔断热风炉与烟道的联系。

4）燃烧阀。属于带水冷的闸式阀，这种阀仅在使用套筒式燃烧器的高炉上采用，用来在燃烧期时，将煤气等送入燃烧器，在送风期时切断煤气管道和热风炉的联系。

5）冷风阀。属于闸式阀，它是冷风进入热风炉的闸门，安装在冷风支管上，在燃烧期时关闭，在送风期时打开。在大闸板上带有均压用小阀，这是由于烧好的热风炉，关闭烟道阀前后，炉内处于烟道负压相同的水平，冷风支管上的压力是鼓风压力，闸板上下压差很大，直接打开闸板是不行的，故主体阀上有一个小均压阀孔，易于打开，使冷风先从小孔中灌入，待闸板两侧压力均等后，主阀就很容易打开了。

6）热风阀。属于闸式阀，送风期打开，燃烧期关闭，用于燃烧期隔断热风炉与热风管道之间的联系。

7）废气阀。又称废风阀、旁通阀，属于盘式阀，其作用有：

①当高炉需要紧急放风，而放风阀失灵或炉台上无法进行放放操作时，可通过废气阀将风放掉。

②当热风炉从送风期转为燃烧期时，炉内充满高压风，而烟道阀盘的下面却是烟道负压，故烟道阀阀盘上下压差很大，必须用另一个小阀将高压废风旁通引入烟道，降低炉内压力。废气的温度虽然很高，但由于作用时间短，故不需要冷却。对大型高压高炉，废气阀盘中央有一小的均压阀，工作原理与冷风阀相同。

8）混风阀。混风阀的作用是向热风炉总管内渗入一定量的冷风，以保持热风温度稳定不变。它由混风调节阀和混风隔断阀两部分组成。

混风调节阀属于蝶式阀，利用其开启度大小来控制掺入冷风量的多少。

混风隔断阀属于闸式阀，它是为防止冷风管道压力降低（如高炉休风）时热风或高炉炉缸煤气进入冷风管道而设的。当高炉休风时，关闭此阀，以切断高炉和冷风管道的联系，故此阀又叫混风保护阀。

9）放风阀和消音器。放风阀安装在鼓风机与热风炉组之间的冷风管道上，在鼓风机不停止工作的情况下，用放风阀把一部分或全部鼓风排放到大气中以调节高炉风量。

某 2500m³ 顶燃式热风炉主要阀门规格、形式见表 2-2。

表 2-2 某 2500m³ 顶燃式热风炉主要阀门规格、形式

序号	名 称	规格/mm	形 式	传动方式
1	热风阀	DN1600	竖式闸板	液动
2	倒流休风阀	DN1100	竖式闸板	液动
3	混风切断阀	DN900	竖式闸板	液动
4	充压阀	DN200	球阀	液动
5	废气阀	DN400	竖式闸板	液动
6	烟道阀	DN2000	蝶式阀	液动
7	冷风阀	DN1500	蝶式阀	液动
8	助燃空气切断阀	DN1600	蝶式阀	液动
9	煤气燃料阀	DN1800	蝶式阀	液动
10	煤气切断阀	DN1800	蝶式阀	液动
11	煤气支管放散阀	DN200	球阀	气动
12	煤气支管吹扫阀	DN200	球阀	气动
13	冷风放风阀	DN1600/ DN600	电动蝶式阀	电动
14	助燃风机出口切断阀	DN1700	密封蝶式阀	电动
15	助燃空气放散阀	DN1000	蝶式阀	电动
16	烟气换热切断阀	DN4500	金属硬密封蝶式阀	2 手动 +1 电动
17	助燃空气换热器切断阀	DN2400	密封蝶式阀	手动
18	煤气换热器切断阀	DN2600	密封蝶式阀	2 手动 +1 电动

2.2 热风炉的操作制度

2.2.1 炉顶温度与烟道废气温度的确定

目前国内外大多数高风温热风炉炉顶都采用高铝砖或硅砖砌筑，热风炉炉顶用耐火砖的主要理化指标见表 2-3。

表 2-3 热风炉炉顶用耐火砖的主要理化指标

种 类	Al_2O_3/%	SiO_2/%	荷重软化温度/℃ （0.2MPa 开始软化温度）	耐火度/℃ （开始软化温度）
硅砖		≥95	>1650	>1710
高铝砖	≥65		>1500	>1790

最高炉顶温度不应超过该耐火材料的最低荷重软化温度。为防止监测仪表误差造成炉顶温度过高，一般都限制稍低于荷重软化温度。

为避免烧坏蓄热室下部的支撑结构，废气温度不得超过表 2-4 所列数值。

表 2-4　各废气温度范围

支撑结构	大型高炉	中小型高炉
金属	<350~400℃	<400~450℃
砖柱	无	<500~600℃

2.2.2　热风炉的燃烧制度

热风炉的燃烧制度种类有：（1）固定煤气量，调节空气量；（2）固定空气量，调节煤气量；（3）空气量、煤气量都不固定。较优的燃烧制度是固定煤气量调节空气量的快速烧炉法。

2.2.2.1　燃烧制度的分类和比较

各种燃烧制度的特性见表 2-5。各种燃烧制度的比较见表 2-6。

表 2-5　各种燃烧制度的特性

分　类	固定煤气量、调节空气量		固定空气量、调节煤气量		煤气量、空气量都不固定	
期别	升温期	蓄热期	升温期	蓄热期	升温期	蓄热期
空气量	适量	增大	不变	不变	适量	减少
煤气量	不变	不变	适量	减少	适量	减少
空气过剩系数	最小	增大	最小	增大	较小	较小
拱顶温度	最高	不变	最高	不变	最高	不变或降低
废气量	增加		稍减少		减少	
热风炉蓄热量	加大、利于强化		减少、不利于强化		减少、不利于强化	
操作难易	较难		易		难	
通用范围	空气量可调		空气量不可调、或助燃风机容量不足		空气量、煤气量均可调，并可用于控制废气温度	

表 2-6　各种燃烧制度的比较

固定煤气量、调节空气量	固定空气量，调节煤气量	煤气量、空气量都不固定
（1）在整个燃烧期使用最大煤气量，当拱顶温度达到规定值后，增大空气量来控制拱顶温度断续上升； （2）因废气量增大，流速加快，利于对流传热，强化了热风炉中下部的热交换，利于维持较高风温； （3）因煤气空气合适配比难以找准，若无燃烧自动调节，可能造成拱顶温度下降	（1）当拱顶温度达到规定值后，以减少煤气量来控制拱顶温度； （2）因废气量减少，不利于传热和热交换的强化，不利于维持较高风温； （3）用煤气量来调节比较方便，容易找准适宜配比	（1）当拱顶温度达到规定值后，以同时调节空气量和煤气量的方法来控制拱顶温度； （2）由于废气大量减少，流速降低，传热减慢，蓄热量减少，不利于提高风温

2.2.2.2　合理燃烧周期的确定

热风炉的一个周期是燃烧、送风、换炉三个过程的总和。

随送风时间的增加，送风热风炉出口的温度逐渐降低。热风出口温度与送风时间的关系为：一般送风时间由 2h 缩短为 1h，热风炉出口温度提高 90℃。增加热风炉座数和送风时间及减少换炉时间，则燃烧时间增加，反之则缩短。

2.2.2.3 合理燃烧的判断

A 废气分析

（1）通过废气成分分析判断热风炉燃烧时的空气与煤气配比是否恰当、燃烧是否合理。

（2）理想的烟道废气成分是 O_2 和 CO 含量为零。一般认为废气成分中 O_2 保持在 0.2%~0.8%、CO 保持在 0.2%~0.4% 的范围比较合理。

B 火焰观察

火焰颜色与热风炉燃烧操作的关系见表2-7。

表2-7 火焰颜色与热风炉燃烧操作的关系

项　目	火焰颜色	拱顶温度	废气温度	废气成分	
				O_2	CO
空气煤气配比合适	中心黄色，四周微蓝，透明，清晰可见燃烧室对面砖墙	升温期：迅速上升 蓄热期：稳定	均匀，稳定上升	微量	0
空气量过多	天蓝色，明亮耀目，燃烧室砖墙清晰可见，但发暗	上升缓慢，达不到规定值	上升快	多	0
煤气量过多	暗红，浑浊不清，难见燃烧室砖墙	上升缓慢，达不到规定值	上升慢	0	多

C 综合判断

根据观察燃烧火焰颜色、废气温度、拱顶温度上升速度等情况来综合判断，避免因废气分析不及时、火焰观察不准确所产生的错误。

2.2.2.4 快速烧炉法

A 燃烧控制

燃烧控制的作用是为送风周期储备热量。具体控制原理是用调节煤气热值的方法控制热风炉拱顶温度；用调节煤气总流量的方法，控制废气温度；助燃空气流量则根据煤气成分和流量设定的比例来控制。

B 调火原则

在烧炉期应使炉顶尽快升到规定的温度，延长恒温时间，使热风炉长时间在高温下蓄热，如果升温时间较长，相对缩短了恒温时间，即热风炉在高温下的蓄热时间减少。快速烧炉的要点就是缩短烧炉的时间，以尽可能大的煤气量和适当的空气过剩系数，在短期内将炉顶温度烧到规定值，然后再用燃烧期约90%的时间以稍高的空气过剩系数继续燃烧，此期间在保持炉顶温度不变的情况下，逐渐提高烟道废气温度，增加蓄热室的热量。但整个烧炉过程中烟道废气温度不得超过规定值。

C　操作方法

一般情况下应采用固定煤气量、调节空气量的快速烧炉法，这种方法与固定空气量、调节煤气量以及空气煤气都不固定的烧炉法比较，固定煤气量、调节空气量的烧炉法在整个燃烧期内使用的煤气量最大，因而废气量较大，流速加快，利于对流传热，强化热风炉中下部的热交换，利于维持较高的风温。

具体操作方法是：

（1）开始燃烧时，根据高炉所需要的风温水平来决定燃烧操作，一般应以最大的煤气量和最小的空气过剩系数来强化燃烧。空气过剩系数的选择要在保持完全燃烧的情况下，尽量减小，以利于尽快将炉顶温度烧到规定值。

（2）炉顶温度达到规定温度时，适当加大空气过剩系数，保持炉顶温度不上升，提高烟道废气温度，增加热风炉中下部的蓄热量。

（3）若炉顶温度、烟道温度同时达到规定温度时，应采取换炉通风的办法，而不应减烧。

（4）若烟道温度达到规定温度时，仍不能换炉，应减少煤气量来保持烟道温度不上升。

（5）如果高炉不正常，要求风温水平较低，并延续时间在 4h 以上时，应采取减烧与并联送风措施。

2.2.3　送风制度

2.2.3.1　送风制度的种类

单炉送风（两烧一送制）是在热风炉组中只有一座热风炉处于送风状态的操作制度。

两烧一送制，适用于有 3 座热风炉的高炉，是一种老的基本送风制度。其必须与混入冷风装置相配合，以调节混入的冷风量使高炉得到稳定的风温。

交叉并联送风操作是热风炉组中经常有两座热风炉同时送风的操作制度。

（1）单、双炉半交叉并联送风。在三座热风炉组中，根据风温来决定采取半交叉并联的方式，即两烧一送与一烧两送相结合的方法。通过调节后投入送风的副送风炉的冷风量使高炉获得稳定的风温。在一座热风炉的整个送风期，前期它作为主送风炉，后期它作为副送风炉，即在第一阶段其蓄热能力很大时，鼓入高炉的一部分风通过该热风炉作为主送风炉，另一部分风通过第二座热风炉（副送风炉），此阶段实际上是由两个热风炉并联向高炉送风；在第二阶段，鼓入高炉的风全部通过前一座热风炉，而第二座热风炉（副送风炉）改为燃烧炉，此时呈单炉送风状态；第三阶段，当这座热风炉的蓄热能力减少时，逐渐减少通过这座热风炉的风量，将其变为副送风炉，而将第三座炉也就是刚烧好的热风炉变为主送风炉，此时又是两座热风炉并联向高炉送风。如图 2-9 所示。

（2）双炉交叉并联送风。在四座热风炉组中，两座炉错开时间同时送风，从两座炉出来的不同温度的热风进行混合，使高炉获得稳定的风温。但两座炉子的通风量不、同，一个主送风炉，另一个是副送风炉。对一个热风炉而言，它前期作为主送风炉，

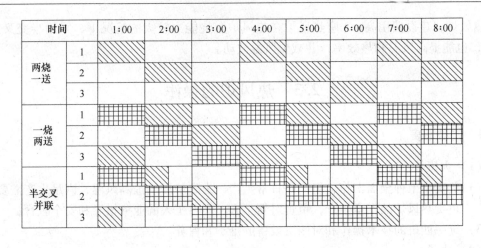

图 2-9 送风制度

后期蓄热量减少后变为副送风炉。这样四座热风炉交替工作的形式为双炉交叉并联送风。

交叉并联送风最大的特点是增加单位高炉体积的蓄热面积和格子砖数量。这种操作方法最大的优点是使热风炉的热效率得到改善,因为热风炉的综合加热能力,不仅取决于整个蓄热室的结构,同时还和热风炉的座数以及热工制度有关。

2.2.3.2 送风制度的比较

各种送风制度的比较见表2-8。

表 2-8 各种送风制度的比较

送风制度	适用范围	热风温度	热效率	周期煤气量
两烧一送制	3 座热风炉常用,4 座热风炉 1 座检修时用	波动稍大,风温低	低	多
半交叉并联	3 座热风炉燃烧能力较大时用,控制废气温度时用	波动较小	高	少
双炉交叉并联	4 座热风炉常用	波动小,风温高	最高	少

2.2.3.3 送风制度的选择

送风制度的选择依据有:

(1) 热风炉组座数和蓄热面积。

(2) 助燃风机和煤气管网的能力。

(3) 有利于提高风温,提高热效率和降低能耗。

例如:交叉并联送风,比单炉送风可提高风温 20~40℃,热效率也相应提高,但需要

4 座热风炉,建设费用高。3 座热风炉在热风炉燃烧能力较大的情况下,采用半交叉送风制度,也能提高风温和热效率,并减少风温波动。

2.3　热风炉的操作

2.3.1　岗位职责

(1) 大班长:

1) 负责本工种全面工作,组织好日常生产,为高炉提供最高风温,满足生产需要;

2) 负责热风炉的安全生产,负责对新工人、实习工人的业务指导和安全教育;

3) 统一四班的技术操作和对四班设备的维护和保养。

(2) 班长:

1) 在值班工长和大班长领导下,做好本班的生产、人员安全、设备检修等各项工作;

2) 组织和安排全班人员的工作,并按操作规程做好日常的换炉、休风、倒流、复风、烧炉等操作,确保正常生产;

3) 负责分工定岗,做好设备维护、点检及检修后的试车调试等工作,发现设备异常应及时汇报并联系处理;

4) 负责本班各项规章制度的执行,做好交接班工作,并保证安全文明生产。

(3) 操作工:

1) 服从班长的调配和分工,做好日常的烧炉、换炉、休风、复风等工作;

2) 参加业务学习,努力提高技术操作水平。

2.3.2　热风炉岗位作业标准

(1) 每班换炉次数按要求进行。

(2) 拱顶温度(混合煤气)正常:1300℃(最高:1350℃)。

(3) 废气平均温度:310℃(最高:400℃)。

(4) 换炉时间:12min。

(5) 换炉风压波动小于 5%。

(6) 风温波动 ±20℃。

2.3.3　热风炉的操作特点

(1) 热风炉操作在高温、高压、煤气的环境中进行。

(2) 热风炉的工艺流程:

1) 送风通路:热风炉除冷风阀、热风阀保持开启状态外,其他阀门全部关闭;

2) 燃烧通路:热风炉除冷风阀和热风阀关闭外,其他阀门全部打开;

3) 休风:所有热风炉阀门全部关闭。

(3) 蓄热式热风炉要储备足够的热量。

(4) 热风炉各阀门的开启和关闭必须在均压下进行。

(5) 高炉热风炉燃烧可以使用低热值煤气,提供较高的风温。

（6）高炉生产不允许有断风现象发生，换炉操作必须"先送后撤"。

2.3.4 热风炉岗位操作规程

热风炉生产工艺是通过切换各阀门的工作状态来实现的，通常称为换炉。在一种状态向另一种状态转换的过程中，应严格按照操作规程规定的程序进行，否则将会发生严重的生产事故，危及人身和设备的安全。

换炉要做到准确、快速、安全。就必须做到不间断地向高炉送风，并且风压、风量波动较小；注意安全，防止煤气中毒或爆炸。

2.3.4.1 焖炉—燃烧

（1）开烟道阀；

（2）关废气阀；

（3）关高炉煤气支管放散阀门；

（4）开助燃空气燃烧阀；

（5）开高炉煤气燃烧阀门；

（6）开高炉煤气吹扫阀；

（7）延时 15~20s 后，关闭高炉煤气吹扫阀；

（8）开高炉煤气安全切断阀；

（9）开助燃空气调节阀；

（10）开高炉煤气调节阀。

2.3.4.2 燃烧—焖炉

（1）关高炉煤气调节阀；

（2）关助燃空气调节阀；

（3）关高炉煤气安全切断阀；

（4）开高炉煤气吹扫阀；

（5）延时 15~20s 后，关高炉煤气吹扫阀；

（6）关高炉煤气燃烧阀；

（7）关助燃空气燃烧阀；

（8）开高炉煤气支管放散阀；

（9）关烟道阀。

2.3.4.3 焖炉—送风

（1）开均压阀；

（2）当冷风阀前后压差小于 9.8kPa 时（风压波动应不大于 0.005MPa），开热风阀；

（3）开冷风切断阀；

（4）关均压阀。

2.3.4.4　送风—闷炉

（1）关冷风阀；

（2）关热风阀；

（3）开废气阀。

2.3.4.5　送风—休风

（1）关混风调节阀；

（2）关混风切断阀（根据情况在休风前手动关闭）；

（3）关冷风阀；

（4）关热风阀；

（5）开废气阀；

（6）开倒流阀（非倒流休风，此阀不开；倒流休风，不能全开，一般开 50%）。

2.3.4.6　休风—送风

（1）关倒流阀；

（2）关废气阀；

（3）开热风阀；

（4）开冷风阀；

（5）开混风切断阀，开混风调节阀。

2.3.4.7　换炉操作的基本原则和注意事项

（1）换炉操作的基本原则：

1）确保高炉不能断风，必须换上热炉之后才能停冷炉子。

2）严防煤气爆炸。送风前煤气系统一定要与热风炉切断，停止烧炉时先关煤气阀后停风机，烧炉开始时检查煤气是否点着。

3）不能让高炉煤气倒灌到冷风管道中去。

（2）换炉操作的注意事项：

1）换炉应先送后撤，即先将燃烧炉转为送风炉后再将送风炉转为燃烧炉，绝不能出现高炉断风现象。

2）尽量减少换炉时高炉风温、风压的波动。

3）使用混合煤气的热风炉，应严格按照规定混入高发热量煤气量，控制好拱顶和废气温度。

4）热风炉停止燃烧时，先关高发热量煤气后关高炉煤气；热风炉点炉时先给高炉煤气，后给高发热量煤气。

5）使用引射器混入高发热量煤气，全热风炉组停止燃烧时，应事先切断高发热量煤气。

2.3.4.8 助燃风机运转

(1) 启动助燃风机：启动备用风机前确认冷却水润滑油位；打开助空主管放散阀100%；打开风机出口阀100%；启动风机，电流下降至35A以下；开风机进口调节阀10%~15%；投入烧炉操作进行压力和比例设定。

(2) 停止助燃风机：热风炉全部停烧；打开助燃风机放散阀100%；关助燃风机进口调节阀至0%~15%；停止助燃风机；全关风机进口调节阀和出口阀。

2.3.4.9 热风炉燃烧调火原则

(1) 煤气压力应保持在某一合适的范围内。

(2) 开始燃烧时根据高炉所需要的风温高低来决定烧炉操作，一般应在保持完全燃烧的情况下尽量加大空气量和煤气量，采用快速燃烧的方法力求获得较好的燃烧效果。

(3) 炉顶温度达到技术指标时应加大空气量来保持炉顶温度不变。

(4) 烟道废气温度上升较快时应适当减少煤气量与空气量以延长烧炉时间。

(5) 如炉顶烟道废气温度同时达到指标时应及时停烧换炉送风，而不应减烧。

(6) 在正常情况下燃烧周期按顺序交错进行，如高炉生产不正常、风温要求较低时，在4h以上采取减烧或并联送风。

(7) 禁止用燃烧后的热炉子闷炉。

2.3.4.10 烧炉注意事项

(1) 注意各信号的变化，确保信号正常。

(2) 注意观察煤气压力、助燃风压力、热风压力和冷风压力的变化。

(3) 注意拱顶温度、废气温度的升温情况。

(4) 如果发生计算机自动烧炉失灵，及时改为手动烧炉。

2.3.4.11 热风炉双预热口操作

(1) 操作前的确认：烟气换热器进、出口阀处于关闭状态，旁通阀处于开启状态；空气预热器进、出口阀处于关闭状态，旁通阀处于开启状态；煤气预热器进、出口阀处于关闭状态，旁通阀处于开启状态；烟气换热器进、出处烟气温度一般不超过280℃（最大不超过310℃）。

(2) 操作程序：投入操作包括开启空气预热器进、出口阀至全开位置，使空气通过预热器；开启煤气预热器进、出口阀至全开位置，使煤气通过预热器；关闭空气、煤气预热器旁通阀；开启烟气换热器进、出口阀至全开位置，使烟气通过换热器；调整烟气换热器旁通阀开度至30%，待运行1h后无异常，根据温度调节可将旁通阀逐渐关闭至零位。

停止运行操作包括开启烟气、换热器旁通阀至全开位置；关闭烟气换热器进、出口阀；开启空气、煤气预热器旁通阀至全开位置；关闭空气、煤气预热器进、出口阀。

2.3.4.12 混烧炉转炉煤气的安全注意事项

(1) 热风炉必须运行正常，拱顶温度不小于1100℃；

（2）转炉煤气投入运行前，热风炉高炉煤气工作必须正常；

（3）转炉煤气投入运行前，必须检查确认相关设备仪器仪表是否运行正常，输入数据是否正确；

（4）转炉煤气投入及停止必须与煤调取得联系，同意后方可执行；

（5）高炉休风热风炉停止烧炉前必须先关闭转炉煤气切断阀或密封蝶阀，确保切断转炉煤气来源。休风后烧炉，高炉煤气点燃后再开转炉煤气切断阀或密封蝶阀进行混烧。

2.3.5　热风炉休风与送风操作

倒流休风常在更换冷却设备时进行，倒流休风的形式有两种：一种是利用热风炉烟囱抽力使高炉内剩余的煤气经过热风总管、热风炉、烟道，由烟囱排出；另一种是利用热风总管尾部的倒流阀倒流休风。

2.3.5.1　倒流休风的操作程序

（1）接到倒流休风的信号时，关送风炉的混风阀；

（2）关热风阀；

（3）关冷风阀；

（4）开废气阀，放净废风；

（5）开倒流阀进行煤气倒流；

（6）发送倒流完毕的信号通知高炉。

2.3.5.2　倒流休风后的送风程序

（1）得到高炉停止倒流通知后，关倒流阀；

（2）开送风炉的冷风阀；

（3）开热风阀，同时关废气阀；

（4）给信号通知高炉送风后，开冷风大闸和混风调节阀。

2.3.5.3　倒流休风注意事项

（1）倒流休风炉炉顶温度必须在 1100℃ 以上；

（2）倒流时间不超过 60min，否则应换炉倒流；

（3）一般情况下，不应同时用两个炉倒流；

（4）正在倒流的炉子不得处于燃烧状态；

（5）倒流的炉子一般不能立即用作送风炉，如果必须使用时，应待残余煤气抽尽后，方可作送风炉。

2.3.5.4　高炉热风阀、倒流休风阀的破损泄漏和处理

（1）热风阀、倒流休风阀进行常规"闭水量检查"，予以确认；

（2）热风阀、倒流休风阀破损后，适当减少该阀进出水量，以减少泄漏量和补充水量；

（3）热风阀更换后，应尽快恢复软水闭路循环正常供水。

2.3.5.5　高炉鼓风机停风

高炉应立即采取紧急休风措施，防止煤气倒流于鼓风机。

（1）热风炉迅速将"自动"、"半自动"改换为"手动"，撤下燃烧炉。

（2）作好应急休风准备，关混风调节阀、混风切断阀，按休风程序进行。

2.3.6　预热器运行中的注意事项和严禁事项

（1）禁止在空气、煤气预热器进出口阀关闭的情况下，先行开启烟气换热器的进出口阀。

（2）空气、煤气预热器必须同时处于运行状态，不得单独处于运行状态。

（3）禁止煤气预热器壳体在有煤气泄漏的情况下，仍处于运行状态。

（4）禁止吹灰器连续不停地处于运行状态，高炉长时间休风，应开烟气换热器人孔进行除灰清扫。

（5）预热器运行中异常情况的紧急处理：

1）烟气换热器温度超过280℃，或外连蒸汽上升管管壁温度超过230℃，应适当开启烟气换热器旁通阀，进行调整。

2）进口烟气温度超过300℃或外连蒸汽上升管管壁温度超过250℃，应迅速全开烟气换热器旁通阀，待温度恢复正常后，按程序再启动投入。

3）当煤气预热器壳体出现煤气泄漏情况时，应立即打开煤气预热器旁通阀，关闭煤气预热器进出口阀，同时迅速打开烟气换热器旁通阀，关闭烟气换热器进出口阀，然后处理煤气预热器。

4）吹灰器或吹灰控制系统出现故障，应停止正常吹灰操作，修复后再投入。

5）出现换热器管束或外连管爆炸事故时，应立即开启各换热器的旁通阀，迅速关闭各换热器的进出口阀，要确认煤气换热器及外连管无煤气泄漏的情况后，检查人员方可进入现场。

2.3.7　热风设备的点检项目及内容

2.3.7.1　热风炉炉壳

（1）炉壳是否有开焊、烧红、变形、龟裂跑风现象。

（2）热风口、燃烧口管道是否有开焊、烧红、变形、龟裂跑风现象。

2.3.7.2　燃烧阀、热风阀、倒流休风阀

（1）阀体、阀芯是否有漏水现象。

（2）冷却水管路是否漏水，金属软管有无龟裂损伤。

（3）阀杆填料处是否跑风。

（4）连接法兰螺栓是否松动，金属密封圈是否损坏、有无跑风现象。

（5）油缸油封是否损坏漏油，油管、接头是否损坏，油缸法兰盘连接螺栓是否松动。

（6）热风阀、燃烧阀运行时有无卡阻或串风现象、是否开关到位。

（7）阀柄支架传动链条是否断裂，卡子是否松动。

2.3.7.3　烟道阀、冷风阀、混风切断阀

（1）阀轴填料处是否跑风。
（2）连接法兰螺栓是否松动，金属密封圈是否损坏、有无跑风现象。
（3）油缸油封是否损坏漏油，油管接头是否损坏，油缸销轴是否损坏。
（4）烟道阀、混风阀、冷风阀运行时有无卡阻现象、是否开关到位、转动是否灵活。

2.3.7.4　煤气（空气）切断阀、煤气（空气）调节阀

（1）阀轴填料处是否跑煤气、跑风。
（2）连接法兰螺栓是否松动，密封圈是否损坏，有无跑煤气、跑风现象。
（3）油缸油封是否损坏漏油，油管接头是否损坏，油缸销轴是否损坏。
（4）切断阀、调节阀运行时有无卡阻现象、是否开关到位、转动是否灵活。

2.3.7.5　冷风均压阀、废气阀

（1）连接法兰螺栓是否松动，密封圈是否损坏，有无跑煤气、跑风现象。
（2）油缸油封是否损坏漏油，油管接头是否损坏，油缸接头是否损坏。
（3）冷风均压阀、废气阀运行时有无卡阻现象、是否开关到位、转动是否灵活。

2.3.7.6　热风管道

（1）管皮是否有烧红、变形、开裂现象。
（2）砌体有无脱落现象。

2.3.7.7　助燃风机

（1）风机轴承箱地脚螺栓是否松动、油位是否正常，油脂裂化程度，轴承有无异响。
（2）传动轴是否变形，风机壳体是否变形。
（3）叶轮有无异响，叶片是否变形。
（4）风量、风压是否异常。
（5）进出口蝶阀开关是否到位、手动转动和电动转动是否灵活。

2.3.7.8　液压系统

（1）油箱油位是否过低，油质劣化程度。
（2）油泵运行时有无异响。
（3）液压各阀工作是否正常、有无泄漏。
（4）蓄能器压力是否正常。
（5）液压管路有无泄漏。

2.3.7.9　煤气管道

（1）有无煤气泄漏。

（2）管道有无腐蚀。

（3）煤气水封是否正常。

2.3.8 热风炉常见的操作事故及其处理

（1）烟道阀或废气阀未关就开冷风小门送风。

后果：风从烟道阀或废气阀跑了，造成高炉热风压力波动，甚至引起崩料。

征兆：风压达不到规定值，从冷风管跑风声音增大。

处理方法：应立即关冷风小门，停止送风，待烟道阀或废气阀关严后，再开冷风小门送风。

（2）燃烧阀未关就开冷风小门送风，将造成高温热风大量从燃烧阀泄出，把燃烧器烧坏。如果遇上煤气阀不严漏煤气时，将会造成煤气爆炸，甚至将整个燃烧器鼓风机炸坏。此时应立即开废气阀，并将冷风小门关闭，停止灌风，然后将燃烧阀关严后重新灌风。

（3）换炉时送风炉废气未放净就强开烟道阀。由于炉内压力较大，强开的结果会使烟道阀钢绳或月牙轮损坏，还会由于负荷较大烧坏马达。只要严格监视冷风压力表，证实废气放净后就可避免。

（4）换炉时先停助燃风机后关煤气，会造成一部分未燃烧的煤气进入热风炉形成爆炸气体，损坏炉体。另一部分煤气从燃烧器鼓风机喷出，引起操作人员煤气中毒。因此，一定要严格按规程操作，先关煤气阀，再停助燃风机。

（5）倒流休风时，忘了关冷风大闸。如果冷风放不净，可能影响倒流；如果冷风放净了，将会使高炉煤气进入冷风总管，可能发生煤气爆炸。

（6）倒流休风后的送风，如果忘记关倒流炉的热风阀就用送风炉送风。高温热风会从倒流炉热风阀进入，将倒流炉燃烧器烧坏或引起爆炸。当发现倒流炉燃烧器大量冒烟或喷火时，应立即将送风炉冷、热风阀关闭，停止送风，关严倒流炉的热风阀。确认倒流炉热风阀关严后再送风。

（7）热风阀、燃烧阀漏水。

1）征兆：出水量减少或断水，出水中带有气泡；如果阀柄断水，出水管振动，排污阀能放积水。

2）故障原因：

①水质差、水压低造成局部结垢，设备使用周期长。

②阀体制造缺陷，有砂眼。

3）处理方法：

热风阀、燃烧阀漏水后，适当减少该阀进出水量，以减少泄漏量和补充水量，并及时组织更换阀门。

（8）热风阀、燃烧阀阀柄关不到位，造成窜风。

1）故障原因：

①阀体内废料多，阀柄落不到位。

②阀柄阀杆变形。

③油缸故障。

2）处理方法：清理阀体内废料，更换阀柄、油缸。

（9）热风口、燃烧口管道烧红、变形、开裂、跑风。

1）故障原因：

①砌砖不好。

②耐火砖质量不好，砌体脱落。

③使用时间过长，耐火砖损坏，管道开裂。

2）处理方法：

①补焊压浆、通冷却水，防止扩大。

②检修时焊背包，内部灌浇筑料、下部焊接水槽，通冷却水。

③管道重新砌筑耐火材料。

（10）热风炉送风时热风阀阀板打不开。

1）故障原因：

①阀柄使用时间过长，变形犯卡。

②液压系统故障。

③电器故障。

2）处理方法：先用手拉葫芦将阀柄提到位，锁紧吊链，再检查液压系统是否有故障。

（11）热风阀、燃烧阀运行时法兰跑风。

1）故障原因：

①金属密封垫损坏。

②连接法兰变形，两个法兰紧固后之间有缝隙。

2）处理方法：

①跑风不严重时用布袋、玻璃水塞严。

②跑风严重时需更换密封圈或法兰。

（12）燃烧阀燃烧器放散管道烧红、变形。故障原因：

1）煤气切断阀关不严，跑煤气。

2）煤气调节阀关不严，跑煤气。

3）燃烧阀阀芯密封不严窜风。

2.3.9　热风炉烘炉前的准备、操作及注意事项

2.3.9.1　烘炉前的准备工作

（1）备足引火柴、油、煤等，同时准备好所用煤炉工具，制定并检查烘炉方案。

（2）检查和校正各种仪表。

（3）经试车验收合格，引煤气并做爆发试验合格。

（4）采用煤烘炉时，事先在燃烧室砌炉灶，每座热风炉一个。

（5）烘炉前，燃烧室内铺沙子，以防炉底被侵蚀。

（6）如使用陶瓷燃烧器，应安装烘烤陶瓷燃烧器的烘炉盘。

2.3.9.2　烘炉操作

（1）打开冷却水，开烟道阀、燃烧阀，测定炉内温度，作为升温基础；测定炉顶拱砖与大盖中心铁皮距离，及地脚螺丝螺母松开高度，并做好标记，同时要随时记录，掌握好烘炉过程中的膨胀情况。

（2）用焦炉煤气点火（无焦炉煤气可用油布）。

（3）关小吸风口，再开煤气调节阀进行自然燃烧，以吸风口、煤气调节阀及烟道阀开启程度控制温度指标。

（4）每隔一小时记录一次炉顶温度、废气温度，每班交班前测一次炉顶和地脚膨胀情况；按烘炉曲线调节炉顶温度，上下波动不超过20℃。

（5）烘到900℃以上时，可启动鼓风机燃烧。

（6）用陶瓷燃烧器的热风炉烘炉可分两个阶段进行，先以烘烤陶瓷燃烧器为主，以第一阶段结束的炉顶温度为开始温度，再按第二阶段烘炉曲线进行。

2.3.9.3 烘炉操作注意事项

（1）烘炉中发生煤气断绝，应放入木柴，保持炉温稳定。

（2）应严格按升温曲线进行烘炉。

（3）烘到计划温度应配合送风，每次炉顶温度上升数应根据具体情况确定，但不可一次配合送风后就转为正常使用，以免发生烘炉事故。

（4）烘炉时间应根据新建大、中、小修时的季节及耐火材料情况考虑。

（5）用陶瓷燃烧器的热风炉，在烘炉第二阶段应把点火管插入点火孔，待烘炉结束后方可撤出。

（6）烘炉时应定期取废气进行成分分析。

（7）采用大型耐热混凝土预制块砌筑的热风炉，火焰不准接触热风炉预制块。

（8）为保证水分蒸发和耐火材料的晶形转变，在烘至300℃、600℃时必须衡温一段时间。

（9）对硅砖砌筑的热风炉，在小于600℃时因硅砖有较大的体积膨胀率，烘炉应避免硅砖破裂，升温速度应缓慢而稳定进行，一般每班升温不超过20℃，不允许温度剧烈波动。在700℃以下火焰不允许接触硅砖表面。

（10）新建高炉没有气体燃料时，可用炉外的炉灶以木柴、煤或焦炭烘炉。

 思 考 题

（1）热风炉的燃烧制度有哪几种？

（2）热风炉温度不能达到规定温度的原因有哪些？

（3）如何根据火焰来判断燃烧是否正常？

（4）简述热风炉倒流休风的操作程序。

（5）热风炉操作的注意事项。

（6）煤气倒流窜入冷风管中，如何处理？

（7）高炉突然停风，混风阀未关闭，炉缸煤气倒入冷风管道内怎么处理？

（8）煤气防火防爆有哪些措施？

（9）试述热风阀漏水的原因、征兆及处理方法。

（10）完成热风工仿真操作。

（11）根据生产单位的技术条件、设备条件和各种操作规程，完成热风炉换炉操作。

实训项目 3　制粉与喷煤操作

实训目的与要求：

(1) 知道高炉喷煤系统的设备、结构、特点和相关工艺参数的控制范围；

(2) 知道高炉喷煤的方式和特点；

(3) 能正确进行喷煤系统设备的操作与点检；

(4) 能发现异常，会处理一般性生产故障。

3.1　基　础　知　识

3.1.1　煤的分类及化学成分

3.1.1.1　煤的成分

煤的化学成分包括碳（C）、氢（H）、氧（O）、氮（N）、硫（S）以及灰分（A）和水分（W），其中氧、氮、硫、碳和氢一起构成了可燃性化合物，称为煤的可燃质，而灰分和水分则称为煤的惰性质。

3.1.1.2　煤的分类

煤的分类主要是按使用上的要求、煤的质量特性、煤的变质特性等划分。

按挥发分固定碳含量要求分类，见表3-1。

表 3-1　按挥发分固定碳（C）含量要求分类

煤的名称	挥发分/%	C/%	用　途
无烟煤	6～10	90～93	化工原料、发生炉煤气、碳素材料、民用
瘦煤	10～13	86～91	动力
蒸汽结焦煤	13～20	79～86	动力、炼焦
结焦煤	20～26	72～79	炼焦
蒸汽肥煤	26～37	63～70	动力、炼焦
煤气烟煤	37～46	52～63	发生煤气炉、工业炉
长焰煤	40～45	47～55	工业生产、动力
褐煤	38～60	45～55	人造液体燃料、锅炉

3.1.2 煤的物理性质

3.1.2.1 孔隙率

孔隙率反映了煤的反应性和强度性质。孔隙率大的煤，表面积大，反应性好，强度较小。

煤的视（相对）密度：指20℃煤（包括煤的空隙）的质量与同体积水的质量之比，表示符号 ARD。煤的视（相对）密度是一项物理特性指标，在贮煤仓的设计、煤的运输、磨碎和燃烧等计算过程中需要该项指标。

煤的真（相对）密度：指20℃煤（不包括煤的空隙）的质量与同体积水的质量之比，表示符号 TRD。其是表征煤的性质和计算煤层平均质量的一项重要指标，它的大小与煤的变质程度、岩相组成、成因和煤中矿物质有关。

3.1.2.2 煤的可磨性

煤的可磨性是指煤研磨成粉的难易程度，与煤的变质程度有关。一般来说，焦煤、肥煤易磨，无烟煤、褐煤难磨。此外，煤的可磨性还随煤中的水分和灰分的增加而降低。

工业上常根据煤的可磨性来设计磨煤机，估算磨煤机的产率和能耗，或根据煤的可磨性来选择适合某种特定型号磨煤机的煤种和煤源。

煤的可磨性指数国标采用哈氏可磨性指数，K_H。

3.1.2.3 煤的比表面积

单位重量的煤粒的表面积的总和，称为这种煤在该粒度范围内的比表面积，单位为 mm^2/g。煤的比表面积是煤的重要性质，对研究煤的破碎、着火、燃烧反应等性能均有重要意义。煤粉比表面积是用透气式比表面积测定仪测定的，测定原理是根据气流通过一定厚度的煤粉层受到阻力而产生压力降来测定的。

煤的黏结性、煤的结焦性是评价炼焦用煤的主要指标。

3.1.3 煤的工艺性能

3.1.3.1 煤的着火温度

煤的着火温度是指在氧化剂（空气、氧气）和煤共存的条件下，把煤加热到开始燃烧的温度，也叫煤的燃点。换句话说，煤释放出足够的挥发分与大气形成可燃混合物的最低着火温度，又叫煤的着火点。我国各类煤的着火点范围见表3-2。

表3-2 我国各类煤的着火点范围

煤种	褐煤	长焰煤	不粘煤	弱粘煤	气煤	肥煤	焦煤	贫瘦煤	无烟煤
着火点/℃	267 ~ 300	275 ~ 330	278 ~ 315	319 ~ 350	305 ~ 350	340 ~ 365	355 ~ 365	360 ~ 395	365 ~ 420

自燃是指煤中的碳、氧等元素在常温下与氧反应，生成可燃物 CO、CH_4 及其他物质。煤被空气中的氧气氧化是煤自燃的根本原因。煤的着火点越低，就越易自燃，煤的自燃是

造成煤粉制备、输送、喷吹过程中爆炸等事故的主要原因。

3.1.3.2　煤灰熔融性

煤灰熔融性是指在规定条件下，随加热温度的变化，煤的灰分的变形、软化和流动特征的物理状态。

煤的灰分没有固定的熔点，加热时是逐渐熔化过程，煤灰试样发生变形、软化和流动，以这三种状态相应的温度来表征煤灰熔融性。煤灰熔融性是动力用煤和气化用煤的重要质量指标。

3.1.3.3　煤粉的流动性

煤粉具有较好的流动性，是因为新磨碎的煤粉能够吸附气体（如空气），使气体在煤粒表面形成气膜，使煤粉颗粒之间的摩擦阻力变小；另外煤粒均为带电体，且都带有电荷，同性电荷具有相斥作用，所以煤粉具有流动性。在一定速度的载体中，煤粉能够随载体一起流动，这就是煤粉能被气力输送的原理。但随煤粉存放时间的延长，流动性变差，所以要求煤粉的储存时间应小于 8h。

3.1.3.4　煤粉的细度（粒度）

煤粉的细度（粒度）是煤粉颗粒群粗细程度的反映，它对磨煤制粉的能耗和喷吹煤粉的燃烧速度以及不完全燃烧的热损失都具有决定性的意义。

3.1.3.5　煤粉的爆炸性

煤粉的爆炸性决定着喷煤系统安全措施的采用。可燃粉尘爆炸的必要条件有：
（1）可燃粉尘浓度处于爆炸上下限之间的爆炸空间；
（2）有足够的氧化剂支持；
（3）有足够能量的点火源点燃粉尘；
（4）分散悬浮的粉尘处于定容的空间。

随挥发分含量增加，爆炸性增大。一般认为：可燃基挥发分小于 10% 为基本无爆炸性煤；大于 10% 为有爆炸性煤；大于 25% 为强爆炸性煤。而且，煤粉越细，越易爆炸。

控制系统内部适宜的含氧浓度是防止煤粉着火爆炸的关键，若系统含氧量低于一定浓度（<14%）就可以避免着火爆炸。

3.1.4　喷煤工艺的基本流程

3.1.4.1　喷煤系统的组成

A　原煤贮运系统

该系统应包括综合煤场、煤棚、储运方式。为控制原煤粒度和除去原煤中的杂物，在原煤贮运过程中还需设置筛分破碎装置和除铁器。

B　干燥气系统

干燥气系统是为磨煤机提供干燥剂和输送介质的加热装置，作用是向磨煤设施提供

300℃左右的热烟气。制粉干燥气分为燃烧炉干燥气、热风炉烟气和混合干燥气三种。

对制粉干燥气的要求是：（1）给制粉系统提供足够的热量用于降低煤粉中的水分；（2）具备一定的运动速度以携带煤粉进行转运和分离；（3）能降低煤粉制备系统的含氧浓度。

燃烧炉干燥气：使用燃料（一般为高炉煤气）引入燃烧炉内燃烧，兑入一定量的冷空气，经磨煤机入口的负压，抽入磨煤机中干燥煤粉。其特点是温度和流量易于控制，但含氧量高，适合于无烟煤制粉系统。

热风炉烟气干燥气：高炉热风炉烧炉时的烟气，可利用余热并惰化制粉系统的气氛，实现烟煤制粉系统安全；缺点是温度偏低，波动大，较少单独使用。

混合干燥气：将热风炉烟气由引风机抽到燃烧炉中，与燃烧炉高温烟气混合。其是制粉系统常用的干燥气，适合于磨制各种煤，特别是烟煤。

C 制粉系统

煤粉制备是通过磨煤机将原煤加工成粒度和含水量均符合高炉喷吹需要的煤粉。制粉系统主要由给料、干燥与研磨、收粉与除尘几部分组成。在烟煤制粉中，还必须设置相应的惰化、防爆、抑爆及监测控制装置。

D 煤粉的输送

煤粉的输送有两种方式可供选择，即采用煤粉罐装专用卡车或采用管道气力输送。依据粉气比的不同，管道气力输送又分为浓相输送（$\mu > 50kg/kg$）和稀相输送（$\mu = 10 \sim 30kg/kg$）。

E 喷吹系统

喷吹系统由不同形式的喷吹罐组和相应的钟阀、流化装置等组成。

煤粉喷吹通常是在喷吹罐组内充以压缩空气，再自混合器引入二次压缩空气将煤粉经管道和喷枪喷入高炉风口。

喷吹罐组可以采用并列式布置或重叠式布置，底罐只做喷煤罐。

F 供气系统

高炉喷煤工艺系统中主要涉及压缩空气、氮气、氧气和少量的蒸汽。压缩空气主要用于煤的输送和喷吹，同时也为一些气动设备提供动力，氮气和蒸汽主要用于维持系统的安全正常运行，氧气则用于富氧鼓风或氧煤喷吹。

G 煤粉计量

煤粉计量主要有喷吹罐计量和单支管计量两大类。喷吹罐计量，尤其是重叠罐的计量，是高炉实现喷煤自动化的前提。单支管计量技术则是实现风口均匀喷吹或根据炉况变化实施自动调节的重要保证。

H 控制系统

高炉喷煤系统广泛采用了计算机控制和自动化操作。

控制系统可以将制粉与喷吹分开，形成两个相对独立的控制站，再经高炉中央控制中心用计算机加以分类控制；也可以将制粉和喷吹设计为一个操作控制站，集中在高炉中央控制中心，与高炉采用同一方式控制。

3.1.4.2　工艺流程

高炉喷吹煤粉工艺流程如图 3-1 所示。

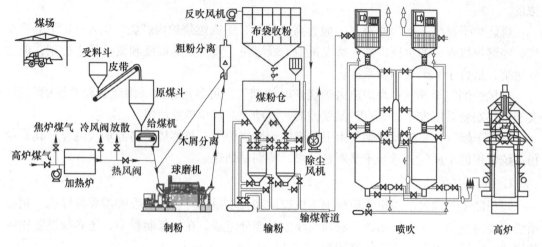

图 3-1　高炉喷吹煤粉工艺流程

3.1.4.3　煤粉制备系统

（1）制粉工艺按磨煤机分为两类：

1）球磨机制粉工艺。球磨机制粉工艺流程如图 3-2 所示。

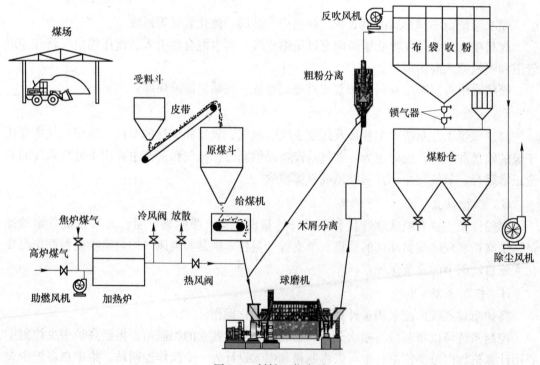

图 3-2　制粉工艺流程

2）中速磨制粉工艺。中速磨煤机的工作原理是其碾磨部分是由转动的磨环和三个沿磨环滚动的固定且可自转的磨辊组成，需粉磨的原煤从中央落煤管落到磨环上，旋转磨环借助于离心力将原煤运动至磨环滚道上，通过磨辊进行碾磨。三个磨辊沿圆周方向均布于磨环滚道上，碾磨力则由液压系统产生，通过静定的三点系统，碾磨力均匀作用在三个磨辊上，这个力是经磨环、磨辊、压架、拉杆、传动盘、减速机、液压缸后传至基础。原煤的碾磨和干燥同时进行。一次风通过喷嘴环均匀地进入磨环周围，将经过碾磨从磨环上甩出的煤粉混合物烘干并输送至磨机上部的分离器中进行分离，粗粉被分离出并返回磨环重磨，合格的细粉被一次风带出分离器。

（2）制粉工艺按磨制的煤种可分为烟煤制粉工艺、无烟煤制粉工艺和烟煤与无烟煤混合制粉工艺，三种工艺流程基本相同。

需要注意的问题是基于防爆要求，烟煤制粉工艺和烟煤与无烟煤混合制粉工艺应增加以下几个系统：

1）氮气系统：用于惰化系统气氛。

2）热风炉烟道废气引入系统：将热风炉烟道废气作为干燥气，以降低气氛中含氧量。

3）系统内 O_2、CO 含量的监测系统：当系统内 O_2 含量及 CO 含量超过某一范围时报警并采取相应措施。

某高炉煤粉制备系统主要工艺参数：

设计制粉能力	60.0t/h
干燥剂用量	95000Nm³/h
干燥剂温度	260℃
干燥剂压力	-500Pa（烟气炉出口）
热风炉废气量	85500Nm³/h
热风炉废气温度	100~150℃　最高350℃
热风炉废气引入点压力	-500Pa
高炉煤气量	7800Nm³/h
高炉煤气压力	（6000±500）Pa
高炉煤气热值	3180kJ/Nm³
焦炉煤气量	80Nm³/h
焦炉煤气压力	（4000±500）Pa
焦炉煤气热值	17600kJ/Nm³
高温烟气温度（最高）	1100℃

3.1.4.4 煤粉喷吹系统

从制粉系统的煤粉仓后面到高炉风口喷枪之间的设施属于喷吹系统，主要包括煤粉输送、煤粉收集、煤粉喷吹、煤粉的分配及风口喷吹等。图3-3为高炉喷吹工艺流程。

（1）煤粉喷吹系统按喷吹方式分为：

1）直接喷吹工艺。在煤粉制备站与高炉之间距离小于300m的情况下，把喷吹设施布置在制粉站的煤粉仓下面，不设输粉设施，这种工艺称为直接喷吹工艺。

2）间接喷吹工艺。在制粉站与高炉之间的距离较远时，增设输粉设施，将煤粉由制

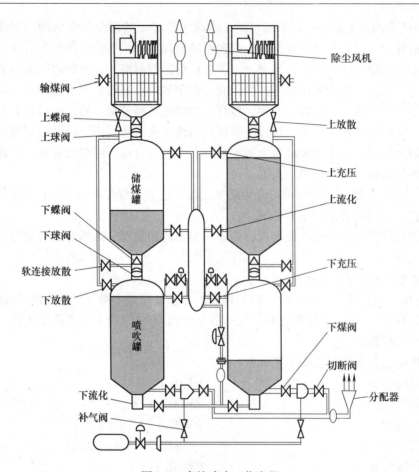

图 3-3　高炉喷吹工艺流程

粉站的煤粉仓输送到喷吹站，这种工艺称为间接喷吹工艺。

（2）煤粉喷吹系统按喷吹罐布置形式分为：

1）串罐喷吹。将三个罐重叠布置的，从上到下三个罐依次为煤粉仓、中间罐和喷吹罐。

优点：喷吹罐连续运行，喷吹稳定，设备利用率高，厂房占地面积小。

2）并罐喷吹。两个或多个喷吹罐并列布置，一个喷吹罐喷煤时，另一个喷吹罐装煤和充压，喷吹罐轮流喷吹煤粉。

优点：工艺简单，设备少，厂房占地面积小，建设投资少，计量方便，常用于单管路喷吹。

（3）煤粉喷吹系统按喷吹管路形式分为：

1）单管路喷吹：喷吹罐下只设一条喷吹管路的喷吹形式称为单管路喷吹。单管路喷吹必须与多头分配器配合使用。

优点：工艺简单、设备少、投资低、维修量小、操作方便以及容易实现自动计量；由于混合器较大，输粉管道粗，不易堵塞；在个别喷枪停用时，不会导致喷吹罐内产生死角，能保持下料顺畅，并且容易调节喷吹速率；在喷煤总管上安装自动切断阀，以确保喷煤系统安全。

2）多管路喷吹：从喷吹罐引出多条喷吹管，每条喷吹管连接一支喷枪的形式称为多管路喷吹。

3.2　主　要　设　备

3.2.1　磨煤机

3.2.1.1　球磨机

球磨机圆筒的转速应适宜，如果转速过快，钢球在离心力作用下紧贴圆筒内壁而不能落下，致使原煤无法磨碎。相反，如果转速过慢，会因钢球提升高度不够而减弱磨煤作用，降低球磨机的效率。图3-4为球磨机制粉过程。

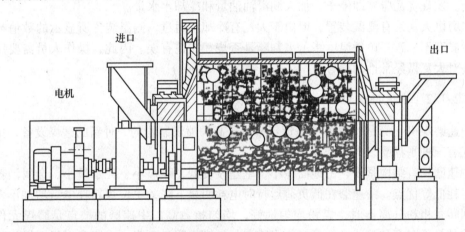

图3-4　球磨机制粉过程

球磨机的优点：对原煤品种的要求不高，它可以磨制各种不同硬度的煤种，并且能长时间连续运行，因此短期内不会被淘汰。缺点：设备笨重，系统复杂，建设投资高，金属消耗多，噪声大，电耗高，并且即使在断煤的情况下球磨机的电耗也不会明显下降。

球磨机的常见故障及处理：

（1）满煤。球磨机筒体内充满原煤，作为干燥煤粉的气体无法通过或很少通过，这种现象称为球磨机满煤。满煤的征兆是：入口吸力减小，出口吸力增大，出口温度下降，球磨机运行电流稍有减弱，声响沉闷无钢球撞击声。上述现象越明显，说明满煤越严重。在发现满煤时要停止给煤，关闭返风管上的圆风门，减少热风量，磨机继续运转。经一段时间运转仍不见效时，应放煤。

放煤就是在不停机的情况下，打开出口检查孔的盖板，让堵在出口的原煤自动放出，然后把短管内的原煤挖空。如仍不见效，可打开人孔检查口，通入压缩空气，使原煤体积膨胀，强制振垮堵煤。

满煤时，球磨机筒体内的气流不畅通，原煤的水分、挥发分、煤粒间的空气受筒体和钢球的加热而蒸发、挥发和膨胀，这就有可能使结煤突然振垮并经检查孔冲出筒外，这是满煤消除的先兆。

球磨机满煤时，筒体的气流通道被堵死，排粉机入口的吸力增大，球磨机入口的热风可能会经返风管直接抽出并送入袋式收尘器，烧滤袋的可能性增大。因此，满煤时必须关闭返风管上的圆风门，这是排除满煤故障不可忽视的问题。

（2）断煤。磨煤机出现断煤的征兆是：出口温度自然上升，入口与出口之间的压差减小，制粉系统的吸力下降，球磨机的电流稍有减小，钢球撞击声音尖而大。发现断煤时，应立即减少热风量并加大冷风量，以解决给煤不畅问题。如属于原煤仓拱料引起的断煤，应打开消拱的压缩空气或启动仓壁振动器；有双原煤仓结构的应立即换仓供煤。如处理无效则立即停车，以防衬板损坏。

（3）球磨机烧瓦。球磨机的检修质量差、润滑油油质不好、油量不足或断油、冷却水量小或断水、大瓦内有异物、装球量过大、球磨机出口温度过高等均可能导致烧瓦。烧瓦的征兆是：空心轴表面烫手且有拉痕或有钨金堆积物，主电机电流波动大，冷却水温度稍有升高。发现烧瓦应立即停车，加大润滑油油量和冷却水水量。

球磨机大瓦设有测温装置，但由于大瓦有冷却水通过，测温装置所显示的数值与大瓦的实际温度不一致，单凭温度指示来判断是否烧瓦往往有误。因此，操作人员需要用手摸的方法对大瓦做经常性的检查。

3.2.1.2　中速磨煤机

中速磨煤机（简称中速磨）是近年来用于高炉喷煤制粉的一种新的磨煤设备，主要结构形式有三种平盘磨、碗式磨及 MPS 磨。

中速磨具有结构紧凑、占地面积小、基建投资低、噪声小、耗水量小、金属消耗少和磨煤电耗低等优点。中速磨在低负荷运行时电耗明显下降，单位煤粉耗电量增加不多，当配用回转式粗粉分离器时，煤粉均匀性好，均匀指数高。中速磨的缺点是磨煤元件易磨损，尤其是平盘磨和碗式磨的磨煤能力随零件的磨损明显下降。由于磨煤机干燥气的温度不能太高，磨制含水分高的原煤较为困难。另外，中速磨不能磨硬质煤，原煤中的铁件和其他杂物必须全部去除。

中速磨转速过低时磨煤能力低，转速过高时煤粉粒度过粗，因此转速要适宜，以获得最佳效果。

MPS 磨煤机配置三个大磨辊，磨辊的位置固定，互成 120°角，与垂直线的倾角为 12°~15°，在主动旋转着的磨盘上随着转动，在转动时还有一定程度的摆动。磨碎煤粉的碾磨力可以通过液压弹簧系统调节。中速磨结构如图 3-5 所示。

原煤的磨碎和干燥借助干燥气的流动来完成，干燥气通过喷嘴环以 70~90m/s 的速度进入磨盘周围，用于干燥原煤，并且提供将煤粉输送到粗粉分离器的能量。合格的细颗粒煤粉经过粗粉分离器被送出磨煤机，粗颗粒煤粉则再次跌落到磨盘上重新碾磨。

中速磨煤机的常见故障及处理：

（1）堵煤。堵煤是一种常见故障，多发生于碾磨区。其征兆是：主机电流增大，磨后温度下降，压差增大，出力减小，石子煤增多，磨煤机运转声沉闷。中速磨碾磨区吞吐煤粉的空间很小，对给煤失调敏感性较强，碾磨区越小，敏感性越强。同容量的中速磨，以平盘磨的碾磨区为最小，E 型磨次之，碗式磨最大。发现堵煤现象后，要立即停止给煤，并升压运行。

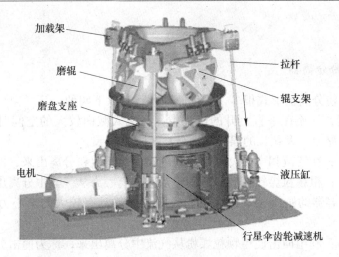

加载架

磨辊

磨盘支座

电机

拉杆

辊支架

液压缸

行星伞齿轮减速机

(a) MPS 磨结构

磨辊

磨环

风环

(b)MPS 磨的磨辊

(c) 磨盘

图 3-5 中速磨结构

（2）石子煤箱充满。排放门损坏或风环间隙变大以及煤中杂物多都会使石子煤箱充满。石子煤箱充满将阻碍磨煤机运转，导致磨机出力下降。其征兆是：主机电流上升且波动大，磨机压差增大，抽风机电流提高。发现石子煤箱充满时应立即停机清除，并处理设备出现的问题。

（3）碗式磨主轴及辊轴过热。采用滑动轴承的碗式磨，铜衬过热是常见的故障。其征兆是：循环油量减少，油起泡沫，油温升高甚至有挥发性气体外逸，磨机电流突然增大、跳闸以及停机后传动部分难以盘动等。早期发现过热可及时采取降温措施，若出现严重过热则应停机处理。

3.2.2 给煤机

给煤机位于原煤仓下面，用于向磨煤机提供原煤，目前常用埋刮板给煤机。其密封性好，能调节刮板运行速度和输料厚度，并且能够发送断煤信号。

3.2.3　煤粉收集

3.2.3.1　粗粉分离器

目前采用的粗粉分离器形式很多,工作原理大致有以下四种:

(1)重力分离:气流在垂直上升的过程中,当流入截面较大的空间时,气流速度降低,减小对煤粉的浮力,大颗粒的煤粉随即分离沉降。

(2)惯性分离:在气流拐弯时,利用煤粉的惯性力把粗粉分离出来,即惯性分离。

(3)离心分离:粗颗粒煤粉在旋转运动中依靠其离心力从气流中分离出来,称为离心分离。气流沿圆形容器的圆周运动时,由于大颗粒煤粉具有较大的离心力而首先被分离出来。

(4)撞击分离:利用撞击使粗颗粒煤粉从气流中分离出来,称为撞击分离。当气流中的煤粉颗粒受撞击时,由于粗颗粒煤粉首先失去继续前进的动能而被分离出来,细颗粒煤粉随气流方向继续前进。

3.2.3.2　布袋收粉器

由灰斗、排灰装置、脉冲清灰系统等组成。箱体由多个室组成,每个室配有两个脉冲阀和一个带气缸的提升阀。进气口与灰斗相通,出风口通过提升阀与清洁气体室相通,脉冲阀通过管道与储气罐相连。

当气体和煤粉的混合物由进风口进入灰斗后,一部分凝结的煤粉和较粗颗粒的煤粉由于惯性碰撞,自然沉积到灰斗上,细颗粒煤粉随气流上升进入袋室,经滤袋过滤后,煤粉被阻留在滤袋外侧,净化后的气体由滤袋内部进入箱体,再经阀板孔、出口排出,达到收集煤粉的作用。随着过滤的不断进行,滤袋外侧的煤粉逐渐增多,阻力逐渐提高,当达到设定阻力值或一定时间间隔时,清灰程序控制器发出清灰指令。首先关闭提升阀,切断气源,停止该室过滤,再打开电磁脉冲阀,向滤袋内喷入高压气体——氮气或压缩空气,以清除滤袋外表面捕集的煤粉。清灰完毕,再次打开提升阀,进入工作状态。

3.2.4　排粉风机

排粉风机是制粉系统的主要设备,它是整个制粉系统中气固两相流动的动力来源,工作原理与普通离心通风机相同。

3.2.5　木屑分离器

木屑分离器安装在磨煤机出口的垂直管道上,用以捕捉气流中夹带的木屑和其他大块杂物。

分离器内上方设有可翻转的网格,下部内侧有木屑篓,篓底有一扇能翻转的挡气板,外侧有取物门。木屑分离器取物时先关闭挡气板,再把网格从水平位置翻下,使木屑落入木屑篓,网格复位后打开取物门把木屑等杂物取出。

3.2.6　锁气器

锁气器是只能让煤粉通过而不允许气体通过的设备。常用的锁气器有锥式和斜板式两种。

3.2.7　混合器

混合器是将压缩空气与煤粉混合并使煤粉启动的设备，由壳体和喷嘴组成。其原理是利用从喷嘴喷射出的高速气流所产生的相对负压将煤粉吸附、混匀和启动。

3.2.8　分配器

单管路喷吹必须设置分配器。煤粉由设在喷吹罐下部的混合器供给，经喷吹总管送入分配器，在分配器四周均匀布置若干个喷吹支管，喷吹支管数目与高炉风口数相同，煤粉经喷吹支管和喷枪喷入高炉。

3.2.9　喷煤枪

喷煤枪由耐热无缝钢管制成，直径为 15～25mm。

喷枪插入方式可分为三种形式：

（1）斜插式：从直吹管插入，喷枪中心与风口中心线有一夹角，一般为 12°～14°。斜插式喷枪的操作较为方便，直接受热段较短，不易变形，但是煤粉流冲刷直吹管壁。

（2）直插式：喷枪从窥视孔插入，喷枪中心与直吹管的中心线平行，喷吹的煤粉流不易冲刷风口，但是妨碍高炉操作者观察风口，并且喷枪受热段较长，喷枪容易变形。

（3）风口固定式：喷枪由风口小套水冷腔插入，无直接受热段，停喷时不需拔枪，操作方便，但是制造复杂，成品率低，并且不能调节喷枪伸入长度。

3.3　操　　作

3.3.1　制粉工岗位操作

3.3.1.1　岗位职责

（1）根据喷吹系统的要求，及时按量完成制粉任务。
（2）负责本系统的环境卫生，每班要求至少打扫一次。
（3）负责中速磨煤机的操作，制造煤粉。
（4）负责布袋收粉系统的操作。
（5）负责作业过程中事故的处理与报告。
（6）遵守各项规章制度，填好各项原始记录，做好与相关岗位的联系和信息传递。

3.3.1.2　作业程序与要求

A　班前准备

（1）正确穿戴好劳动保护用品。
（2）开班前会并学习安全操作规程。

（3）检查当班时使用的工具和设施。

B　接班作业

（1）检查设备运行及环境状况。

（2）清点公用工具并检查是否完好。

C　班中作业

（1）试运前的准备工作。

（2）仔细检查各零部件的安装是否正确。

（3）仔细清除磨机内部安装时的遗留物和杂物。

（4）用手及相关设备盘动各运转部件，检查是否有任何卡死和金属摩擦现象。

（5）将各润滑点按要求注入适量的润滑油或润滑脂。

D　磨机的操作过程

（1）开机前准备：

1）首先检查磨机和各转动部件是否正常，各润滑点是否注入适量的润滑油。

2）调整磨辊上升、下降速度，要求同步。

3）调整蓄能器的压力大小，保证为 7MPa。

4）确认各阀门开关正常。

5）确认烟气炉常明火保持。

（2）开机顺序：

1）启动磨机成套柜→启动稀油站油泵→启动液压站油泵→启动振动筛→启动布袋收粉器。

2）确认排粉风机入口阀、尾气循环阀、废气调节阀、磨机入口切断阀在关闭状态。

3）磨机用氮气吹扫 5～15min。

4）节助燃空气量（增大），开高炉煤气阀门烧炉。

5）启动排粉风机后，调节液力耦合器至 300 转左右。

6）启动密封风机→启动废气引风机。

7）开排粉风机入口阀→开磨机入口阀→开废气切断阀，开废气调节阀到 10%→关放散阀。

8）调节液力耦合器的转速和废气调节阀的开度，保证烟气炉炉膛有微负压。

9）调节液力耦合器转速和废气调节阀开度至定值，确认磨机磨辊已抬起。

10）当磨机出口温度达到 90℃时启动磨机，待磨机运行正常后温度小于 95℃时开始投煤。

（3）停机顺序：

1）调节高炉煤气量和助燃空气的大小（降低）。

2）逐步减少投煤量同时调节液力耦合器的转速和废气调节阀的开度（降低）。

3）降低磨辊的加载力。

4）升辊，停止供煤，待磨机出口温度小于 90℃停磨机。

5）开放散阀，关闭废气阀，关磨机入口阀，停废气引风机。

6）关排粉风机入口阀，停排粉风机，停密封风机，停液压站。

7）待磨机停止运转 10～15min 后停润滑站，停磨机成套柜。

E 磨机操作

（1）磨机按开车顺序启动后，物料按设定值喂入后，调整液压系统的压力，使系统达到平衡。

（2）应时刻注意磨机电流、轴承及推力轴承油槽等温度的变化，在磨机正常运转时，推动油槽温度应小于 70℃，磨辊轴承温度应小于 100℃。

（3）磨机的入口温度为 250～280℃，最高不超过 300℃；磨机出口温度为：烟煤不应超过 80℃，无烟煤不应超过 90℃。

（4）磨辊的加载压力小于 11MPa。

（5）磨机入口含氧量为：无烟煤小于 12%，烟煤小于 8%。

（6）稀油站供油压力控制在 0.135MPa 以上，油温需达到 28℃以上。

F 异常或紧急状态操作

（1）发现机械设备损坏或其他异常情况，应立即按紧急事故开关停机，待查明原因后方可再启动，如遇重大事故应保护现场，严禁启动，并及时上报。

（2）发现部分电器设备损坏造成其他设备连锁，则应按停机顺序停机，待查明原因后方可再启动。

G 遇到下列情况，应立即停机

（1）制粉过程中发生爆炸和着火。

（2）热风炉工通知所有热风炉停烧。

（3）各监测点温度到达报警数且仍急剧上升。

（4）各监测点氧气浓度含量超标。

（5）机械电器设施发生异常，可能危害人身、设备安全。

（6）焦气 2000Pa，高气压力低于 3500Pa。

（7）发生其他危害人身、设备安全的事态。

H 检修安全

（1）设备检修时，必须切断电源，实行"双挂牌"制，派专人监护。

（2）检修磨机设备时如要动火，必须办理"动火许可证"，并有安全负责人在场，方可作业。

（3）检修完毕，经操作人员确认无误后，撤除挂牌，方可使用。

I 常用设备

制粉的常用设备有：煤粉风机、三相异步电动机、加热器、滚动轴承、烟气炉、高温风机、煤粉风机液力耦合器、电子皮带秤给煤机、磨机房、主排风机、密封风机、离心式通风机、原煤仓、立式磨煤机。

J 质量规定

煤粉粒度 200 目（0.074mm）以下占 70%，水分 2% 以下，原煤水分 13% 以下。

K　煤粉工岗位安全的主要危害因素

煤粉工岗位安全的主要危害因素见表3-3。

表3-3　煤粉工岗位安全的主要危害因素

序　号	危害因素	可能导致的事故
1	没有执行动火制度	着火、爆炸
2	巡检上下楼梯不抓护栏	摔伤
3	进入煤粉区域未携带监测仪	CO中毒、窒息
4	灭火器使用不当损坏	火灾
5	进入磨机未切断烟气或未检测	CO中毒
6	进入磨机作业时温度高	中暑
7	入磨机捅下煤管	灼伤
8	进入原煤仓作业	砸伤、摔伤
9	使用大锤，锤头脱落	砸伤
10	拆装密封皮带密封板不当	夹伤、碰伤
11	处理原煤仓悬料	碰伤、摔伤
12	处理皮带秤未断电	刮伤
13	处理除尘故障未断电、未断气	摔伤、压伤
14	开启高温烟气阀站位不当	摔伤
15	开启调节高温调节阀未检测	CO中毒
16	烟气泄漏未检测	CO中毒
17	高温风机加油站位不当	灼伤
18	液压油孔堵塞处理不当	溅伤
19	维护、清理分离器站位不当	碰伤、摔伤
20	处理振动筛软连接	尘肺病
21	现场作业烟气过高未采取措施	CO中毒
22	铲渣未戴口罩	尘肺病
23	清理磨机吐渣口废物不当	溅伤
24	设备油料处理溢地打滑	摔伤

3.3.2　制粉主要设备的点检项目及内容

3.3.2.1　中速辊式磨煤机

（1）磨煤机振动是否过大，噪声是否超过规定值。

（2）磨煤机运行时有无异响。

（3）机座、拉杆密封处是否漏风。

（4）传动盘刮板有无异响及其磨损程度，刮板轴是否断裂。

（5）辊套磨损程度，辊套是否有裂纹，磨辊转动是否灵活，磨辊是否漏油，辊架防磨板是否损坏及其磨损程度，磨煤机本体护板磨损程度。

（6）液压拉杆运行是否正常，拉杆是否磨损，有无裂纹、断裂。

（7）磨机密封风管是否磨漏，导向板间隙是否磨损过大。

（8）磨煤机中央落煤管是否磨漏，分离器折向门磨损程度。

（9）磨盘衬板磨损程度。

3.3.2.2　主排烟风机

（1）电机、风机、轴承箱地脚螺栓是否松动。

（2）风机运行时有无异响。

（3）风压、流量有无异常。

（4）风机传动组轴承有无异响，油位、油温是否正常，油质劣化程度，端盖密封是否漏油。

（5）液力耦合器油位、油温是否过高，地脚螺栓是否松动。

（6）地脚螺栓是否松动，运行时是否振动。

（7）风机调节风门叶片是否开焊，运行时有无异响。

3.3.2.3　布袋收粉器

（1）布袋箱体有无变形、漏风现象。

（2）进出口补偿器有无磨漏现象。

（3）紧急充氮球阀是否开关正常，反吹脉冲阀是否损坏。

（4）反吹气缸、电磁换向阀工作是否正常，反吹气缸盖板是否变形、损坏。

（5）给料机电机、减速机有无异响、漏油现象。

3.3.2.4　螺旋输送机

（1）摆线减速机地脚螺栓有无松动，减速机是否漏油、缺油。

（2）卷笼两端轴承及中间连接轴承有无异响、是否缺油，

（3）卷笼上盖密封是否完好、有无漏粉现象。

（4）卷笼运行时有无异响。

3.3.2.5　煤粉振动筛

（1）进出口软连接是否损坏、有无漏粉现象。

（2）筛网是否损坏，上盖密封是否完好。

（3）振动电机连接螺栓是否松动，振动电机有无异响。

3.3.2.6　封闭式给煤机

（1）裙边输送带是否跑偏，裙边磨损程度，皮带是否有划痕。

（2）给煤机箱体是否漏风。

（3）滚筒轴承及刮板轴承是否有异响，轴承润滑是否良好、是否缺油。

（4）皮带托辊是否转动灵活，轴承有无异响。

（5）下煤口是否堵塞。出粉管道和补偿器是否磨漏等。

3.3.2.7　故障及处理方法

磨机故障及处理方法见表3-4。

表 3-4　磨机故障及处理方法

序号	故障/信号	原　因	处理方法
1	磨机一次风和密封风间压差减小	（1）密封风机入口过滤器堵塞	停磨、清洗过滤器
		（2）密封风管道挡板位置不正确	将挡板调至正确位置
		（3）密封风管道漏气或损坏	修理或更换
		（4）磨辊、SLS分离器密封件失效	修理或更换
		（5）密封风机故障	清除故障
2	运行期间分离器温度太低或太高	一次风温度控制装置故障	将一次风温度控制转换成人工控制，然后消除控制装置故障
3	分离器温度提高很快	（1）一次风控制失灵	同第2项
		（2）磨内着火	磨机应紧急停机，打开惰气通入阀门直至温度降低
		（3）分离器温度大于110℃	
4	磨辊油位低	密封件失效	停机、修理或更换密封件，注油达规定油位
5	磨辊油温度高	（1）油位低	同第4项
		（2）轴承损坏	停机，更换磨辊轴承修理或更换
		（3）磨辊密封风管道故障或磨穿	
6	磨机运转不正常（有异常噪声）	（1）碾磨件间有异物	停机，消除异物，检查部件是否损坏。注意：当如铁块等高硬度异物进入磨机时，如不及时消除会损坏碾磨件
		（2）碾磨件磨损	更换
		（3）导向板磨损或间隙太大	更换或调整间隙
		（4）液压缸蓄能器中氮气过少或气囊损坏	停机和液压站，充气检查蓄能器
		（5）磨盘上无煤	落煤管堵塞，清洗
7	煤粉过粗	（1）一次风量过大	调整到合适值
		（2）碾磨压力过小	调整到合适值
		（3）分离器叶片磨损	更换
		（4）分离器内锥管磨穿	更新
		（5）液压油过热	加大冷却水量
		（6）分离器驱动装置故障	检查
8	润滑油站双过滤器压差超过极限	过滤器堵塞	清洗

序号	故障/信号	原　因	处理方法
9	油分配器前油压过低	(1) 油泵工作不正常	按油泵说明书检查处理
		(2) 油泵前阀门半开	完全打开
		(3) 双油过滤器堵塞	清洗
		(4) 油泵后阀门半开	完全打开
		(5) 供油管堵塞	疏通管道
10	滑动止推轴承处油分配器无油或油量很小	减速机机内管路堵塞	疏通管道
11	润滑油温过低	磨机启动监测装置处于"停"位置	检查加热器，必要时进行修理，但不能关闭冷却器
12	润滑油温过高	(1) 油冷却器未开	打开冷却器
		(2) 冷却水量不足	检查冷水管路
13	减速机出现噪声	(1) 减速机内有异物	通知制造厂派员处理
		(2) 轴承损坏	
		(3) 齿轮损坏	
		(4) 减速机联轴器损坏	更换联轴器
		(5) 联轴器安装不正确	更新联轴器
14	漏油	(1) 法兰密封件损坏	更换新密封件
		(2) 连接螺栓松动	拧紧松动螺栓
15	分离器传动装置油温大于最大值	(1) 温度传感器故障	确定故障并排除（比较测量必须关机）
		(2) 轴承或齿轮传动装置损坏（注意噪声及不稳定运行）	进行维修或更换
16	SLS型旋转分离器运行不稳定	(1) 不平衡或板条磨损	静止时确定故障并排除
		(2) 输入或输出小齿轮或轴承故障	更换小齿轮或轴承
		(3) 电动机运行不规则	检查变频器
		(4) 四点轴承故障	更换轴承
17	液压装置故障		见制造厂家的使用与维修说明书
18	SLS型旋转分离器电机传动装置能耗过高	(1) 磨机内物料过多	借助变频器降低旋转分离器转速
		(2) 由于生产量过高，碾磨力差	
		(3) 研磨过细导致分离器频率过高	

3.3.3　喷吹岗位职责与要求

3.3.3.1　岗位职责

(1) 根据高炉工长的送煤指令，及时按量完成送煤任务。

(2) 随时注意喷煤状态，并酌情进行调整，确保输送煤的稳定。

（3）负责本系统的环境卫生，每班要求至少打扫一次。

（4）如属喷吹系统（系统检修或系统故障等原因）引起的故障或需要停送，要及时通知高炉工长。

（5）负责喷吹系统的操作，喷吹煤粉。

（6）负责炼铁厂高炉喷吹煤粉任务。

（7）负责作业过程中事故的处理与报告。

（8）遵守各项规章制度，填好各项原始记录。

（9）服从工长及上级有关部门的指挥。

（10）做好与相关岗位的联系和信息传递。

3.3.3.2　作业程序与要求

A　班前准备

（1）正确穿戴好劳动保护用品。

（2）开班前会并学习安全操作规程。

（3）检查当班时使用的工具和设施。

B　接班作业

（1）检查设备运行及环境状况。

（2）清点公用工具并检查是否完好。

3.3.4　喷吹系统的操作

3.3.4.1　喷吹工艺形式

喷吹工艺形式采用并罐喷吹工艺。

3.3.4.2　喷吹系统工艺流程

喷吹系统由煤粉仓、仓顶布袋、放散布袋、喷吹罐、分配器、喷吹管线、阀门、喷枪等组成。

煤粉仓下部通过落粉管、软连接、气动闸阀及进料阀与喷吹罐相连。喷吹系统为双喷双吹罐并列布置。当一个喷吹罐在进行喷吹时，另一个喷吹罐进行泄压、装粉，加压后待用。当一个喷吹罐将要喷吹完毕后，关闭喷吹罐下部的喷煤阀，同时，开启另一个喷吹罐下部的喷煤阀。喷吹过程由上述操作循环进行。

喷吹罐上部有加压管，用氮气加压。罐下部有流化板，也用氮气流化，流态化的煤粉通过导出管排出，喷吹罐下部落粉管汇集成一根管线，加入助吹风（氮气），然后输送到高炉附近的分配器中。

喷吹煤粉管道维持煤粉流动速度稳定在低速范围内，降低管道阻力损失并减少管道磨损。输送管道将煤粉送到高炉附近的分配器，由分配器接出与风口数相当的喷吹支管，将煤粉均匀地喷入高炉风口。喷吹系统（包括煤粉仓、罐体、喷吹管道）全部保温，以防煤粉回潮，提高煤粉的流动性。

为了均匀分配和稳定流股，在分配器前有一段垂直段。分配器后所接的喷吹支管基本按等管径、等长度和相近的几何路径布置，从而使得各支管的阻损基本相等，以获得各支管喷吹量均匀分配。

喷枪为风冷套筒式。停止喷吹时用空气冷却。

喷吹罐泄压气体排入放散布袋。

喷吹主管道设有返粉管道，紧急情况下（如高炉突然休风时），罐内及管线剩余煤粉可输送到煤粉仓内，以保证安全。

3.3.4.3　设备

喷吹系统主要设备有氮气调压站、闸阀、卸压放散除尘、L-1 型空气压缩机储气罐、主排布袋、放散布袋、分水滤气器 PSL-50、气源三联件、煤粉仓、喷吹罐、氮气罐。

A　煤粉仓

煤粉仓容积	850m^3
煤粉储量	420t
设计温度	100℃
操作温度	60～90℃

煤粉仓的储量加上一台磨煤机正常生产时的产量，可满足高炉 8h 的变料周期要求。

B　喷吹罐

喷吹罐容积	65m^3
煤粉储量	32t
设计温度	100℃
操作温度	30～90℃
设计压力	2.0MPa（a）
操作压力	1.6MPa（a）

C　分配器

对喷吹系统分配器的要求有：设计合理，不易堵塞；结构简单，维修容易；根据高炉需要可关闭个别喷吹管线；分配均匀，误差不大于 5%。

3.3.4.4　质量规定

煤粉粒度 200 目（0.074mm）以下占比不小于 70%，水分不大于 1%；高炉喷煤误差不超过 10%。

3.3.4.5　喷煤前准备工作

（1）检查系统设备是否完好，相关阀门是否灵活、有无泄漏，各阀门所处的位置是否正确。

（2）检查喷吹用气（氮气）低压、中压气源是否供给正常，压力是否满足要求。

（3）检查各电气控制系统、仪表计量、监测系统及安全装置是否正常。

（4）检查煤粉仓的贮煤情况是否在合理范围。

（5）检查系统管道是否畅通、有无泄漏。

（6）检查完毕，确认可以喷吹后与高炉值班室联系要求喷煤。

3.3.4.6　喷吹系统运行操作

A　喷煤正常工作状态的标志

（1）喷吹介质高于高炉热风压力 0.15MPa。

（2）罐内煤粉温度：烟煤小于 70℃，无烟煤小于 80℃。

（3）罐内氧浓度：烟煤小于 8%，无烟煤小于 12%。

（4）煤粉喷吹均匀，无脉动现象。

（5）全系统无漏煤、无漏风现象。

（6）煤粉喷出在风口中心，不磨风口。

（7）电气极限信号反应正确。

（8）安全自动连锁装置良好、可靠。

（9）计量仪表信号指示正确。

B　收煤罐向储煤罐装煤程序

（1）确认储煤罐内煤粉已倒净。

（2）开放散阀，确认储煤罐内压力为零。

（3）开储煤罐上部的下钟阀（硬连接系统）。

（4）开储煤管路上部的上钟阀。

（5）煤粉全部装入储煤罐。

（6）关上钟阀。

（7）关储煤管路上部的下钟阀。

（8）关放散阀。

C　储煤罐向喷煤罐装煤程序

（1）确认喷煤罐内煤粉已快到规定低料位。

（2）关放散阀，关上钟阀。

（3）开储煤罐下充压阀，开储煤罐上充压阀。

（4）关储煤罐上、下充压阀，开均压阀。

（5）开下钟阀。

（6）煤粉全部装入喷煤罐。

（7）关下钟阀，关均压阀。

（8）开储煤罐放散阀。

（9）当下钟阀关不严时，开喷煤罐充压阀，待下钟阀关严后，关喷煤罐充压阀。

D　喷煤罐向高炉喷煤程序

（1）联系高炉，确认喷煤量及喷煤风口，插好喷枪。

（2）开喷吹风阀。

（3）开喷煤管路上各阀门。

（4）开自动切断阀并投入自动。

（5）开喷煤罐充压阀，使罐压力达到一定的数值后，关喷煤罐充压阀。

（6）开喷枪上的阀门并关严倒吹阀。

（7）开下煤阀。

（8）开补压阀并调整到一定位置。

（9）检查各喷煤风口、喷枪不漏煤并且煤流在风口中心线。

（10）通知高炉已喷上煤粉。

E　喷射型混合器调节喷煤量的方法

（1）喷枪数量。喷枪数量越多，喷煤量越大。

（2）喷煤罐罐压。喷煤罐内压力越高，则喷煤量越大。而且罐内煤量越少，在相同罐压下喷煤量越大。

（3）混合器内喷嘴位置及喷嘴大小。喷嘴位置稍前或稍后均会出现引射能力不足，煤量减少。喷嘴直径适当缩小，可提高气（空气）煤混合比，增加喷吹量。

F　流化床混合器调节喷煤量的方法

（1）调节流化床气室流化风量。风量过大将使气（空气）煤混合比减小，喷吹量降低；但是风量过小，不起流化作用，影响喷吹量。

（2）调节煤量开度。通过手动或自动调节下煤阀开度大小来调节喷煤量。

（3）调节罐压。通过喷煤罐的压力来调节煤量。

对于流化罐混合器和喷吹罐上出料多管路流化法通常调节喷吹煤量的方法是向喷吹管路补气。

G　倒罐操作步骤

（1）开备用罐充压阀，充压至一定值再关充压阀。

（2）关生产罐下煤阀。

（3）开备用罐喷吹阀、气路阀。

（4）关生产罐气路阀、喷吹阀。

（5）开备用罐下煤阀，用罐压调节到正常喷吹，开空罐的卸压阀，卸压至零位后再关上。

（6）对空罐进行装煤作业。

H　停喷操作

停止喷吹的条件：

（1）高炉休风。

（2）高炉出现事故。

（3）炉况不顺，风温过低，高炉工长指令。

（4）高炉大量减风，不能满足煤粉喷吹操作。

（5）喷煤设备出现故障，短期内不能恢复或压缩空气压力过低（正常值 0.4 ~ 0.6MPa），接到喷煤高压罐操作室停喷通知。

停煤操作程序：

（1）高炉值班工长通知喷煤高压罐操作室（关下煤阀）停送煤粉或接到喷煤高压罐操作室通知已停止送煤后，方可进行停喷操作，继续送压缩空气 10min 左右。

（2）待喷吹风口煤股消失后，停风开始拔枪。拔枪时应首先关闭支管切断阀，迅速松开活接头，再拔出喷枪。

（3）喷煤高压罐罐内煤粉极少时，开泄压阀至常压，罐内煤粉较多时，可不进行泄压操作。

在下列情况下可停煤不停风（但连续停风不允许超过 2h）：

（1）高炉慢风操作。

（2）放风坐料。

（3）喷煤设备发生短期故障。

（4）喷吹压缩空气压力低于正常压力停止送煤。

喷煤罐短期（小于 8h）停喷操作程序：

（1）关下煤阀。

（2）根据高炉要求，拔出对应风口喷枪。

（3）根据高炉要求，停对应风口的喷吹风。

3.3.4.7　在喷吹操作中应注意的问题

A　罐压控制

喷吹罐罐顶充气或补气，刚倒完罐需要较高的罐压。随着喷吹的不断进行，罐内料面不断下移，料层减薄，这时的罐压应当低些，补气时当料层进一步减薄时将破坏自然料面，补充气与喷吹气相通，这就要加大补气量，提高罐内压力。

罐压应随罐内粉位的变化而改变。罐顶补气容易将罐内的煤粉压结，停喷时应把罐内压缩空气放掉，把罐压卸到零。

利用喷吹罐锥体部位的流态化装置进行补气，可起到松动煤粉和增强煤粉流动性的作用，实现恒定罐压操作。

B　混合器调节

混合器的喷嘴位置除在试车时进行调节外，在正常生产时，还要根据不同煤种和不同喷吹量做适当的改变。

在喷吹气源压力提高时，应适当缩小喷嘴直径，以提高混合比，增大输粉量。

使用带流化床的混合器，进入流化床气室的空气流量与喷吹流量的比例需要精心调节。

在喷吹系统使用的压缩空气中所夹带的水和油要经常排放，喷吹罐内的煤粉不宜长时间积存，否则将会导致混合器的排粉和混合器失常，或者出现粉气不能混合的现象。

煤粉中的夹杂物可能会沉积在混合器内，应经常清理。

如果混合器带有给粉量控制装置，则应根据输粉量的变化及时调节给粉量的控制装置。

3.3.5　喷吹烟煤的操作

喷吹烟煤的操作要点有：

（1）炉前喷吹的设施主要是分配器、喷枪和管路，要严防跑冒及堵塞煤粉。

（2）经常与喷煤车间高压罐保持联系，做好送煤或停煤操作，及时处理喷吹故障。

（3）至少每 0.5h 检查风口一次，注意插枪位置、煤粉流股大小和煤粉燃烧状况，发现问题及时汇报工长并立即处理。

3.3.6 煤粉喷吹设备的点检项目及内容

3.3.6.1 喷吹罐

(1) 温度是否在正常范围内,流化床是否漏粉,流化装置各阀门工作是否正常,球阀开关是否到位,密封是否严密。

(2) 上、下装料球阀开关是否到位,密封是否严密,密封口是否磨损。

(3) 均压放散球阀是否开关到位,密封口密封是否严密。

(4) 输煤阀、输煤切断阀开关是否灵活,有无泄漏现象。

(5) 补气器是否磨漏,补气球阀开关是否到位,有无漏气现象。

(6) 输煤管道是否磨漏,清扫喷吹管道的球阀开关是否灵活。

(7) 各阀气动装置是否正常,气源管有无泄漏或损坏,气动换向阀动作是否正常,管路有无损坏或泄漏。

3.3.6.2 压缩空气系统

(1) 压缩空气储罐压力是否正常,安全阀工作是否正常、是否到校验周期,罐体有无泄漏,进出阀门是否转动灵活,排污阀开管是否灵活。

(2) 管路有无开焊、跑气,减压阀压力是否稳定。

3.3.6.3 高压氮气系统

(1) 氮气储罐压力是否正常,安全阀工作是否正常、是否到校验周期,罐体有无泄漏,进出阀门是否转动灵活,排污阀开关是否灵活。

(2) 管路有无开焊、跑气,减压阀压力是否稳定。

3.3.6.4 喷吹系统的故障及处理

(1) 突发性的断气、断电、防爆孔炸裂、泄漏严重、气缸电磁阀严重故障等,应立即切断下煤阀,根据情况通知高炉拔枪或向高炉送压缩空气。

(2) 过滤器堵塞时,关下煤阀进行吹粉排污,至压力正常时再开下煤阀送煤。若吹扫无效时,需打开过滤器检查并清理污物。在处理过滤器堵塞时,应保持向高炉送压缩空气。

(3) 当喷吹管道堵塞时,关下煤阀,沿喷吹管路分段用压缩空气吹扫,并用小锤敲击,直至管道畅通为止。处理喷吹管堵塞要通知高炉拔枪。当罐压低于正常值 (0.4 ~ 0.6MPa) 时,应检查原因,是气源问题还是局部泄漏造成,进行对症处理。

(4) 喷吹过程中脉动喷吹、空吹、分配器分配不均现象。

出现脉动喷吹的原因是:煤粉过潮结块,粉中杂物多,混合器工作失常,给粉量不均以及分配器出口受阻等。处理方法:加强下罐体的流态,清除混合器流化床上面的杂物,调整流态化的空气量,检查并清除分配器内的杂物。

喷吹罐内只跑风不带煤,始端压力下降,载气量为正常喷吹的两倍至数倍,在悬空管道上敲击管壁时声音尖而响亮,手摸管壁特别是橡胶接管振感减弱。空吹是脉动喷吹的加剧，其原因与脉动喷吹相同，由于粉潮或粉中杂物多而引起的空吹较为普遍。更换喷嘴时，因喷嘴安装位置不妥引起喷吹故障比较少见，常被人忽视，且不能及时排除。

分配器分配不均的征兆是：各喷枪喷粉出现明显偏析，甚至出现空枪和脉动喷吹。其原因是粉中有杂物，煤粉结块或调节板的分配器调节不当，分配器已严重磨损，设备本身缺陷或喷吹管架设不合理及风机工况变化等。因设备缺陷的应拆除改造，操作者则应首先清理杂物，吹通喷吹管道及分配器，改变调节板角度，加强载气脱水。

（5）事故处理：

1）当喷吹系统发生故障，不能正常向高炉喷煤时，应先向高炉发送停喷信号或停风信号，再按《短时间计划停喷》程序操作；

2）实施停电：关下煤阀→关充压阀→关流化阀→电话联系高炉→关二次气阀；

3）停风操作：关下煤阀→关充压阀→关流化阀→电话联系高炉→关二次气阀；

4）罐内煤粉着火，立即停喷，迅速切断所有阀门，火灭冷却后，排尽罐内残粉；

5）当罐内煤粉温度无烟煤大于80℃、烟煤大于70℃时，应立即通氮气降温到正常水平；

6）检查喷吹系统时，应使用防爆照明灯具；

7）喷吹煤粉时，分配器压力至少大于高炉热风压力0.050MPa，否则禁止喷吹。

3.3.7　高炉喷煤的防火防爆安全措施

3.3.7.1　煤粉爆炸的条件

与无烟煤相比，喷吹烟煤的最大优点是煤中挥发分含量比无烟煤高，在高炉风口区内燃烧的效率高，但烟煤喷吹的安全性却比无烟煤差。

喷吹烟煤的关键是防止煤粉爆炸。产生爆炸必须同时具备以下三个条件，缺一不可。

（1）必须具有一定的气氛含氧量。煤粉在容器内燃烧后，体积膨胀，压力升高，其压力超过容器的抗压能力时容器爆炸。容器内的含氧量越高，越有利于煤粉燃烧，爆炸力越大。控制含氧量即可控制助燃条件，即控制煤粉爆炸的条件。因此，喷吹烟煤时，必须尽力控制容器内气氛含氧量。含氧量控制在多大范围内才安全，有两种意见：一种是控制在15%以下，另一种认为应控制在12%以下。因为煤粉爆炸的气氛条件还与烟煤本身的挥发分多少、煤粉粒度的大小以及混合浓度的高低等有关，故只能针对确定的煤种，在模拟生产工况的条件下进行试验，通过试验来确定介质的临界含氧量。现场生产可按临界含氧量的0.8倍作为安全含氧量。

（2）必须处于爆炸浓度的范围之内。试验证明，煤粉在气体中的悬浮浓度达到一个适宜值时才具备爆炸条件，高于或低于此值时均无爆炸可能。爆炸的适宜浓度值是随着烟煤成分、煤粉粒度以及气体含氧量的不同而改变的，这些数值需要由试验得出。由于现场的生产情况错综复杂，煤粉的悬浮浓度一般无法控制，因此要消除这一爆炸条件也是极为困难的。

（3）煤粉温度达到着火点。烟煤粉沉积后逐步氧化、升温、直到着火以及外来火源都是引爆条件，彻底消除火源即可排除爆炸的可能性。煤粉着火在任何情况下都是不允许的。防止煤粉着火是力所能及的，所以必须千方百计防止烟煤粉沉积、着火。

以上三个条件必须同时具备，否则煤粉不会爆炸。

若煤粉存放时间过长，则有可能出现氧化自燃现象。因此，采用定期清仓、清罐和停产的办法将煤粉用完是有效的防爆方法。停产后，将现场煤粉清除干净以杜绝产生悬浮粉尘。

为了防止产生静电火花，所有设备必须接地。为防止高炉热风倒灌，必须从操作、设备即自动控制等方面加以注意，要严格按规定的顺序进行操作。在喷吹管上应设置安全切断阀，下煤阀应能自动关闭，在操作程序上应有安全联锁等措施。

3.3.7.2 高炉喷吹烟煤的安全措施

A 控制制粉系统气氛

煤粉制备的干燥剂一般都是采用高炉热风炉废气或者烟气炉废气的混合气等。为了严格控制干燥剂的含氧量，必须及时调节废气量和烘干炉的燃烧状况，减少兑入冷风，防止制粉系统漏风。

布袋的脉冲气源一般都是采用氮气，氮气用量应根据需要进行控制。在布袋箱体密封不严的情况下，若氮气量不足或压力过低，空气被吸入箱内会提高氧的含量，反之氮气外逸又有可能使人窒息。

在制粉系统启动前，各部位的气体含氧量几乎都与大气相同，需先通入惰性气体或先送入热风炉废气，经数分钟后再转入正常生产。

喷吹罐补气风源、流态化风源一般使用氮气，喷吹载气一般使用压缩空气。操作者必须十分重视混合器、喷吹管、分配器以及喷枪的畅通，否则喷吹风会经喷嘴倒灌入罐内，使罐内的氧含量增加。为了杜绝由此引起的事故，在条件具备的情况下，可用氮气作为载气进行浓相喷吹。处理煤粉堵塞和磨煤机满煤应使用氮气，严禁使用压缩空气。

B 控制煤粉温度

（1）控制各点的温度：磨煤机出口干燥剂温度和煤粉温度不得超过规定值，且无升温趋势，否则要引入冷废气、氮气或尽快将煤粉喷空。煤粉升温严重时应采取"灭火"或排放煤粉的措施。

（2）防止静电火花：在检修管道、阀门、软连接时，启动火种前必须用惰性气体吹扫。若更换部件、要恢复各部件间的导电连接线和接地线，喷吹罐下面的混合器应全部投入运行，在高炉不允许全部运行的情况下应轮换使用，以防积粉自燃。对设备表面和厂房支梁等所有能积粉的死角要每天清除一次。厂房的门窗不应全部关闭，排气扇必须运转。

3.3.8 喷煤系统的安全监测及控制

3.3.8.1 喷煤系统监测装置的配置及要求

高炉喷煤系统主要由原煤贮运、煤粉制备、煤粉喷吹和供气等几部分组成。

在整个煤粉制备及喷吹过程中，监测装置起着准确控制工艺过程、保障安全及提高效率的重要作用，因而是必不可少的。监测计量水平的高低在很大程度上反映了喷煤系统的先进程度。

喷煤系统的监测计量装置主要有：

（1）单支管计量装置，用于测量气固两相流体中固体物料的流量，为准确控制喷煤流量提供依据。这类计量装置主要有差压式流量计、噪声流量计、超声流量计、微波流量计、电容式流量计等。

（2）压力测量装置，用于测量喷煤系统中各相关部位的压力，为计量、超压报警和防止爆炸提供压力数据。

（3）温度测量装置，测量喷吹系统中各部位的温度。

（4）含氧量测定装置，用于测定喷吹系统相应气氛中的氧含量，该装置对喷吹高挥发分煤种的防爆控制尤为重要。

（5）CO 浓度测定装置，用于测量 CO 浓度。

（6）煤粉计量装置，用于测量煤粉罐等容器中煤粉的重量。

对喷煤系统监测装置的要求是：

（1）准确，即以较小的误差给出测量数值。

（2）可靠，在不同环境下都能稳定可靠地长时间工作，有较强的抗干扰能力，特别是对于高挥发分煤粉喷吹时采用的防爆装置，这一点非常重要。

（3）有适用的外围接口，可以与计算机或其他外围设备较方便地连接，并可给出通用的标准信号。

（4）经济可行。

（5）便于操作。

3.3.8.2　喷煤系统的工艺参数测量

喷煤系统的工艺过程参数测量与其他系统的基本相同，比较特殊且复杂的是气固两相流流量的测量。

（1）喷煤系统的温度监测。温度监测靠测温元件及相关仪表完成。测温元件主要有：热电偶、热电阻、半导体热敏器件等。

（2）喷煤系统的压力监测。压力监测对保证系统的安全是非常重要的。完善的喷煤系统在其各个相关部位几乎都有压力测控装置。喷吹罐的压力对喷煤量来说是一个重要参数。罐压应随罐内粉位的变化而改变，以保证喷煤量稳定。罐内压力控制是由补压管充入补充气完成的。

（3）喷煤系统的气氛监测。喷煤系统的气氛监测主要是指 CO 及氧的浓度监测。

煤粉仓等部位的 CO 浓度代表了煤粉自燃或爆炸的可能性。一旦发现 CO 浓度升高，则表明系统处于危险之中。所测量的是系统中 CO 的气相成分，气相中 CO 浓度比温度更能敏感地反映系统是否有自燃现象产生。制粉系统的气相氧浓度也是一个必须严格控制的工艺参数，因为煤粉爆炸的重要条件之一就是气相含氧量达到一定水平。一般来说，应将气相含氧量控制在 12% 以下。因此，必须严格监测含氧量，含氧量一旦超限，即打开氮气或其他低含氧气体的充气阀门，冲淡氧气，从而防止爆炸发生。

气相氧浓度的监测可用各种定氧仪完成。

（4）喷吹系统的气体流量监测。喷吹系统的气体主要有压缩空气、氮气、蒸汽、氧气（富氧喷吹）、热烟气等。

流量测量可用一般的气体流量计，如差压式流量计（流量孔板、流量喷管、流量管等）。

3.3.8.3　安全注意事项

喷煤生产的安全注意事项有：

（1）上班时劳保用品必须穿戴齐全。

（2）严格执行岗位责任制及技术操作规程。

（3）插拔喷枪操作时，应站在安全位置，不得正面对着风口。

（4）喷枪插入后，迅速将喷枪固定好，以防喷枪退出伤人。

（5）上班时不准在风口下面取暖或休息，预防煤气中毒。

（6）处理喷煤管道时，上下梯子脚要踩稳，防止滑跌。

（7）拔喷枪时应把枪口向上，严禁带煤粉和带风插拔喷枪。

（8）经常查看风口喷吹煤粉是否正常，保证煤粉能喷在风口中心，防止风口磨损。发现断煤、结焦、吹管发红、跑风等情况时，立即报告工长并及时处理。

3.3.8.4　喷吹工岗位安全的主要危害因素

喷吹工岗位安全的主要危害因素见表3-5。

表 3-5　喷吹工岗位安全的主要危害因素

序　号	危 害 因 素	可能导致的事故
1	没有执行动火制度	着火、爆炸
2	巡检上下楼梯不抓护栏	摔伤
3	清吹管道	摔伤、碰伤
4	喷吹作业区防爆电气损坏	着火
5	进入煤粉区域未携带监测仪	CO 中毒、窒息
6	开关球阀站位不稳	摔伤
7	阀门漏粉	溅伤
8	清理煤粉过滤器站位不稳	摔伤
9	喷吹煤粉停留过长	着火
10	清理振动网未断电	压伤、摔伤
11	更换软连接未停相关电源	溅伤、摔伤
12	电磁阀接触不良	触电
13	绑扎阀门软连接	刮伤
14	软管破裂或炸开	溅伤
15	油杯加油未断气	溅伤
16	灭火器使用不当损坏	火灾
17	喷吹区煤粉浓度大于 $10mg/m^3$	尘肺病
18	处理除尘故障未断电、断气	摔伤、压伤
19	更换布袋粉尘大	尘肺病
20	清理磨机吐渣口废物不当	溅伤
21	设备油料处溢地打滑	摔伤
22	清扫卫生未戴口罩	尘肺病

3.3.8.5　煤气事故的抢救

A　煤气中毒

将中毒者迅速及时地救出煤气危险区域，抬到空气流通的地方，解除阻碍呼吸的衣物，并注意保暖。

中毒轻微者，如出现头痛、恶心呕吐等症状，可直接送往附近的卫生所急救。

中毒较重者，如失去知觉、口吐白沫等症状，应通知煤气防护站和卫生所赶到现场抢救。中毒者未恢复知觉之前，不得送往较远医院急救，送往就近医院抢救时，途中应采取有效的急救措施，并有医护人员护送。

B　煤气着火事故

煤气设施着火时，应逐渐降低煤气压力，通入大量蒸汽或氮气，但设施内煤气压力最低不得小于100Pa。

直径不大于100mm的管道起火可直接关闭煤气阀灭火。

C　煤气爆炸事故

发生煤气爆炸事故后，应立即切断煤气来源，迅速将残余煤气处理干净，如因爆炸引起着火应按着火事故处理。

思 考 题

(1) 简述中速磨的结构组成及工作原理。

(2) 高炉喷吹粒煤工艺上应具备哪些相应条件？

(3) 球磨机满煤的征兆有哪些？如何处理？

(4) 中速磨煤机出现堵煤时有何征兆及应如何处理？

(5) 煤粉爆炸的必备条件是什么？

(6) 在喷吹操作中应注意什么问题？

(7) 高炉喷煤正常工作状态的标志有哪些？

(8) 叙述高炉喷吹烟煤的安全措施。

(9) 完成喷煤工仿真操作。

(10) 根据生产单位的技术条件、设备条件和各种操作规程，完成制粉和喷吹操作。

实训项目4 高炉工长岗位（炉内）操作

实训目的与要求：

（1）知道高炉操作基本制度，能够直接或间接判断炉况，能够根据各参数变化分析炉况发展趋势并合理调节；

（2）能够判断失常炉况的征兆，能够分析原因，并能进行预防和处理，具有高炉严重失常炉况的预防和处理能力；

（3）知道高炉冶炼的基本原理，能够用专业知识分析和解决常见问题；

（4）能够进行高炉休风、复风的操作，具有高炉开炉、停炉、封炉和复风的操作能力；

（5）能够进行高炉强化操作；

（6）能够编制提高生铁产量、降低高炉焦比的方案；

（7）能够安全组织高炉炼铁生产。

4.1 基 础 知 识

4.1.1 炉料在炉内的物理化学变化

4.1.1.1 炉料在高炉内的物理状态

从解剖研究的结果可知，高炉内炉料基本上是按装料顺序层状下降的，依炉料的状态不同从上到下可分为五个区域。

（1）块状带：在该区域炉料明显保持装料时的分层状态（矿石层和焦炭层），没有液态渣铁。

（2）软熔带：炉料从开始软化到熔化所占的区域；它由许多固态焦炭层和黏结在一起的半熔融的矿石层组成，焦炭矿石相间，层次分明，由于矿石呈软熔状，透气性差，煤气主要从焦炭层通过，像窗口一样，因此称为"焦窗"。软熔带的上沿是软化线，下沿是熔化线，它们之间是软熔带。随着原料条件与操作条件的变化，软熔带的形状与位置会发生改变。

（3）滴落带：熔化后的渣铁像雨滴一样穿过焦炭而向下滴落。在滴落带内焦炭长时间处于基本稳定状态的区域称"中心呆滞区"（死料柱），焦炭松动下降的区域称活动性焦炭区。而煤气大量通过焦炭的缝隙，渣铁滴落时继续进行还原、渗碳等反应，所以滴落带是高温物理化学反应的主要区域。

（4）风口带。风口前在鼓风动能作用下焦炭作回旋运动的区域称为风口带，又称"焦炭回旋区"。焦炭在回旋运动的气流中悬浮并燃烧，是高炉内热量和气体还原剂的主要产生地，是初始煤气流分布的起点，也是高炉内唯一存在的氧化性区域。回旋区的径向深度达不到高炉中心，因而在炉子中心仍然堆积着一个圆丘状的焦炭死料柱，构成了滴落带的一部分。

（5）渣铁带。在炉缸下部，主要是液态渣铁以及浸入其中的焦炭，在铁滴穿过渣层以及在渣铁界面时最终完成必要的渣铁反应，得到合格的生铁，并间断地或连续地排出炉外。

4.1.1.2　水分的蒸发与结晶水的分解

吸附水一般在 105℃ 时就迅速蒸发且蒸发吸热，一方面降低了炉顶煤气温度，对装料设备和炉顶金属结构的维护带来好处；另一方面由于煤气温度降低，体积减小，流速降低，炉尘的吹出量也随之减少。

结晶水在高炉内大量分解会消耗高炉内的热量。

4.1.1.3　挥发物的挥发

挥发物的挥发，包括燃料挥发物的挥发和高炉内其他物质的挥发。

有些物质在高炉下部还原后气化，随煤气上升到高炉上部又冷凝，然后再随炉料下降到高温区又气化而形成循环。这些元素和化合物的"循环富集"对高炉炉况和炉衬都有影响。

4.1.1.4　碳酸盐的分解

炉料中的碳酸盐主要来自石灰石（$CaCO_3$）和白云石（$CaCO_3 \cdot MgCO_3$），有时也来自碳酸铁（$FeCO_3$）和碳酸锰（$MnCO_3$）。部分石灰石来不及分解而进入高温区，则分解生成的 CO_2 在高温区与焦炭作用，使焦比升高。

4.1.2　生铁的形成

4.1.2.1　铁氧化物的还原

高炉炼铁常用的还原剂主要有 CO、H_2 和固体碳。

铁氧化物的还原顺序是遵循逐级还原的原则。当温度小于 570℃ 时，按 $Fe_2O_3 \rightarrow Fe_3O_4 \rightarrow Fe$ 的顺序还原；当温度大于 570℃ 时，按 $Fe_2O_3 \rightarrow Fe_3O_4 \rightarrow FeO \rightarrow Fe$ 的顺序还原。

用 CO 和 H_2 还原铁氧化物，生成 CO_2 和 H_2O 的还原反应称为间接还原。用 CO 作还原剂的还原反应主要在高炉内小于 800℃ 的区域进行；用 H_2 作还原剂的还原反应主要在高炉内 800～1100℃ 的区域进行。

用固体碳还原铁氧化物生成 CO 的还原反应称为直接还原，在高炉内具有实际意义的直接还原反应只有 $FeO + C = Fe + CO$。

4.1.2.2　高炉内非铁元素的还原

锰是高炉冶炼经常遇到的金属，是贵重金属元素。高炉内的锰由锰矿带入，有的铁矿石中也含有少量的锰。高炉内锰氧化物的还原与铁氧化物的还原相似，也是由高级向低级逐级还原直到金属锰。

从 MnO_2 到 MnO 可通过间接还原反应进行。MnO 还原成 Mn 只能靠直接还原取得。MnO 的直接还原是吸热反应。高温是锰还原的重要条件，还原出来的锰可溶于生铁或生成 Mn_3C 溶于生铁。

冶炼普通生铁时，有40%～60%的锰进入生铁，5%～10%的锰挥发进入煤气，其余进入炉渣。

硅的还原只能在高炉下部高温区（1300℃以上）以直接还原的形式进行，SiO_2 在还原时要吸收大量热量，硅在高炉内只有少量被还原。还原出来的硅可溶于生铁或生成 $FeSi$ 再溶于生铁。

磷在高炉冶炼条件下，全部被直接还原，以 Fe_2P 形态溶于生铁。

4.1.2.3 生铁的生成与渗碳过程

（1）生铁的生成。生铁的形成过程实际上是铁氧化物的逐级还原过程、铁的渗碳过程和非铁元素的逐渐渗入过程。在渗碳和已还原的元素进入生铁中后，得到含 Fe、C、Si、Mn、P、S 等元素的生铁。

（2）渗碳过程。高炉内渗碳过程大致可分为三个阶段：

第一阶段是固体海绵铁发生渗碳反应。该渗碳反应发生在800℃以下的区域，即在高炉炉身的中上部位，有少量金属铁出现的固相区域。这阶段的渗碳量占全部渗碳量的1.5%左右。

第二阶段是在铁滴形成后，铁滴与焦炭直接接触发生的渗碳反应。这阶段的渗碳与最终生铁的含碳量差不多。

第三阶段是炉缸内的渗碳。

4.1.3 高炉炉渣与脱硫

高炉炉渣主要由 SiO_2（30%～38%）、CaO（38%～44%）、Al_2O_3（8%～15%）、MgO（2%～8%）四种氧化物组成。

高炉炉渣的基本作用就是加入熔剂与脉石和灰分作用，并将不进入生铁的物质溶解，汇集成渣的过程。高炉炉渣应具有熔点低、密度小和不溶于铁水的特点，使渣和铁能有效分离，获得纯净的生铁。

4.1.3.1 对高炉炉渣的要求

（1）炉渣应具有合适的化学成分及良好的物理性能，在高炉内能熔融成液体，实现渣铁分离。

（2）应具有较强的脱硫能力，保证生铁质量。

（3）有利于高炉炉况顺行。

（4）炉渣成分具有调整生铁成分的作用。

（5）有利于保护炉衬，延长高炉寿命。

4.1.3.2　高炉炉渣的性质及其影响因素

A　炉渣的熔化性

炉渣的熔化性是指炉渣熔化的难易程度，它可用熔化温度和熔化性温度两个指标来表示。

熔化温度：是指固体炉渣加热时，炉渣固相完全消失、完全熔化为液相的温度。熔化温度高，则炉渣难熔。

熔化性温度：是指炉渣从不能流动转变为能自由流动的温度。熔化性温度高，则炉渣难熔。

B　炉渣的黏度

黏度是反映流体的流动速度不同时，两相邻液层之间产生的内摩擦系数。炉渣黏度是炉渣流动性的倒数，黏度低流动性好。

（1）影响炉渣黏度的因素：

1）温度：温度升高，黏度降低。

2）炉渣的化学成分：增加 SiO_2 含量则黏度升高；增加 CaO 含量则黏度降低；Al_2O_3、MgO 均对黏度有一定的影响。

（2）炉渣黏度对高炉冶炼的影响：

1）黏度大小影响成渣带以下料柱透气性。黏度过大的初渣会堵塞炉料之间的空隙，使料柱透气性变差，从而增加煤气上升的阻力。

2）黏度影响炉渣的脱硫能力。炉渣黏度小，流动性好，有利于脱硫。

3）炉渣黏度影响放渣操作。过于黏稠的炉渣，不易从炉缸中自由流出，使炉缸壁增厚，缩小炉缸容积，造成操作上的困难。

4）炉渣黏度影响高炉寿命。黏度高的炉渣在炉内容易形成渣皮起保护炉衬作用，而黏度低流动性好的炉渣冲刷炉衬，缩短高炉寿命。

C　炉渣的稳定性

炉渣的稳定性是指炉渣的熔化性和黏度随其成分和温度变化而波动的幅度大小，有热稳定性和化学稳定性之分。炉渣在温度波动时保持稳定的能力称为热稳定性；炉渣在成分波动时保持稳定的能力称为化学稳定性。

4.1.3.3　高炉炉内的造渣过程

（1）初渣。初渣是指炉身下部或炉腰处刚开始出现的液相炉渣。初渣的生成包括固相反应、软化、熔融、滴落四个阶段。

（2）中间渣。中间渣是指处于下降过程并且成分和温度都不断变化的炉渣。渣中的 FeO 不断被还原而减少，SiO_2 和 MnO 的含量也由于 Si、Mn 的还原进入生铁有所降低，炉渣的流动性随温度的升高而增加。

（3）终渣。终渣是指已经下降到炉缸，并最终从炉内排出的炉渣。在风口区，焦炭和喷吹燃料后的灰分参与造渣，使渣中 Al_2O_3 和 SiO_2 含量明显升高，而 CaO、FeO 和 MgO 都比初渣、中间渣相对降低，铁水穿过渣层和渣铁界面发生的脱硫反应使渣中 CaS 有所增加，最后形成终渣。

4.1.3.4 高炉内的脱硫

A 高炉中硫的来源

高炉的硫来自焦炭、喷吹燃料、矿石和熔剂，其中焦炭带入的硫占总入炉量的 60%~80%。

B 硫的存在形式

硫在炉料中以硫化物（FeS_2、CaS）、硫酸盐（$CaSO_4$）和有机硫的形态存在。

C 硫在高炉内的循环

焦炭中有机硫在到达风口前约有 50%~70% 以 S、SO_2、H_2S 等形态挥发到煤气中，余下的部分在风口前燃烧生成 SO_2，在高温还原气氛条件下，SO_2 很快被 C 还原，生成硫蒸气；也可能和 C 及其他物质作用，生成 CS、CS_2、HS、H_2S 等硫化物。

D 降低生铁含硫量的途径

（1）降低炉料带入的总硫量。

（2）提高煤气带走的硫量。

（3）改善炉渣脱硫能力。

E 炉渣的脱硫能力

（1）脱硫反应式为：

$$[FeS] + (CaO) = (CaS) + (FeO)$$

或

$$[FeS] + (CaO) + C = (CaS) + [Fe] + CO$$

（2）影响炉渣脱硫的因素：

1）炉渣化学成分。炉渣中的 CaO 是主要的脱硫剂，含量高有利于脱硫；FeO 最不利于炉渣脱硫，MnO、MgO、Al_2O_3 等对脱硫均有不同程度的影响。

2）生铁成分。生铁中各种成分对硫在铁水中的活度系数 f_S 的影响不一样，对炉渣脱硫能力也有一定的影响。硅、碳、磷等元素使 f_S 增大，对脱硫有利；铜、锰等元素使 f_S 减小，因而对脱硫不利。

3）温度。脱硫反应是吸热反应，温度越高，对脱硫越有利。

4）炉渣黏度。炉渣黏度越低，炉渣的流动性越好，对脱硫越有利。

5）高炉炉况。炉况顺行，炉缸周围工作均匀且活跃，炉料与煤气分布合理，则脱硫良好；而煤气分布失常，如管道行程、边沿气流发展、炉缸堆积等，都会导致脱硫效率降低，生铁含硫量增加。

4.1.4 燃料燃烧和高炉的下部调剂

4.1.4.1 燃烧反应的作用

燃烧反应有以下几方面作用：

（1）为高炉冶炼过程提供主要热源。

（2）为还原反应提供 CO、H_2 等还原剂，在实际生产的条件下，炉缸反应的最终产物由 CO、H_2、N_2 组成。

（3）为炉料下降提供必要的空间。

4.1.4.2　回旋区及燃烧带

风口前产生焦炭和煤气流回旋运动的区域称为回旋区。在回旋区外围，有一层厚约 100~300mm 的中间层，此层的焦炭既受高速煤气流的冲击作用，又受阻于外围包裹着的紧密焦炭，因此比较疏松，但又不能和煤气流一起运动。

风口前燃料燃烧反应的区域称为燃烧带，包括氧化区和还原区。

回旋区与燃烧带的区分：回旋区是指在鼓风动能作用下焦炭机械运动的区域，而燃烧带是指燃烧反应的区域。回旋区的前端即是燃烧带氧化区边缘，而还原区是在回旋区的外围焦炭层内，故燃烧带比回旋区略大一些。

4.1.4.3　燃烧带大小的作用及其影响因素

A　燃烧带大小的作用

燃烧带的大小影响着炉缸内煤气的分布，对炉内煤气温度和炉缸温度分布，及高炉顺行都有影响。

当燃烧带沿水平方向上截面积越大、相邻两燃烧带之间的不活跃区越小时，炉缸工作越均匀。

B　影响燃烧带大小的因素

（1）鼓风动能。鼓风动能是指从风口前鼓入炉内的风所具有的机械能，是克服风口前料层的阻力后向炉缸中心扩大和穿透的能力。鼓风的各种参数，如风温、风量、风压、鼓风密度、风口数目、风口直径等均影响鼓风动能。通过日常鼓风参数的调剂实现合适的鼓风动能，可达到控制燃烧带大小的目的。

（2）燃烧反应速度。一般情况下，燃烧反应速度快，燃烧反应可在较小的区域进行，使燃烧带缩小；反之，则燃烧带增大。

（3）炉料在炉缸内分布。炉缸内料杜疏松，透气性好，燃烧带则延长；反之，燃烧带则缩短。

（4）焦炭的性质。焦炭的粒度、气孔度、反应性等对燃烧带大小也有一定的影响。

4.1.4.4　理论燃烧温度

理论燃烧温度是指风口前焦炭和喷吹物的燃烧所能达到的最高的平均绝热温度。

影响理论燃烧温度的因素：

（1）鼓风温度。鼓风温度升高，理论燃烧温度也升高。

（2）鼓风中的氧含量。氧含量增加，理论燃烧温度会显著升高。

（3）鼓风湿度。鼓风湿度增加，分解热增加，理论燃烧温度会降低。

（4）喷吹燃料量。由于喷吹物的分解吸热和 H_2 体积的增加，理论燃烧温度会降低。

（5）炉缸的煤气体积量。炉缸的煤气体积增加，理论燃烧温度会降低。

4.1.4.5　鼓风动能与下部调剂

影响鼓风动能的因素有风温、风量、鼓风湿度、喷吹量、风口数目、风口直径等。而高炉的下部调剂就是通过改变进风状态控制煤气流的初始分布，使整个炉缸温度分布均匀稳定，热量充沛，工作活跃。下部调剂也就是控制适宜的燃烧带与煤气流的合理分布。

（1）风温。提高鼓风温度，则鼓风动能增加。

（2）风量。增加风量使鼓风动能增加。

（3）喷吹燃料。用喷吹量能调剂入炉碳量，在焦炭负荷不变的情况下增加喷吹量能使高炉向热。

（4）鼓风含氧量。富氧鼓风时随着鼓风中含氧量的增加，燃烧单位碳量生成的煤气量减少，燃烧温度升高，燃烧反应速度加快，燃烧带缩小。

（5）鼓风湿度。鼓风中的水蒸气在燃烧带分解吸热，产生氧和氢，提高了鼓风中含氧量，对鼓风动能和煤气流分布无大影响。

4.1.5 炉料与煤气的运动及其分布

4.1.5.1 炉料在炉内下降的空间条件

（1）焦炭在风口前燃烧，固体焦炭转化为煤气，为上部炉料下降提供了 35%~40% 的自由空间。

（2）风口区上部由于直接还原消耗了固定碳，碳变为 CO 气体向上逸出，提供了 15% 左右的空间。

（3）炉料在下降过程中重新排列、压紧并熔化成液相而使体积缩小，提供了 30% 左右的空间。

（4）炉缸不断放出渣、铁，可提供约 20% 的空间。

4.1.5.2 炉料下降的充分条件

炉内不断形成自由空间只是为炉料下降创造了空间条件，但料柱在实际下降过程中还需要克服一系列阻力。炉料是靠自身重力下降的，炉料下降的力必须要大于散料与散料间的摩擦力、散料与炉墙间的摩擦力和煤气上升对料柱的阻力，才能顺利下降。

即：
$$P = (Q_{炉料} - P_{墙摩} - P_{料摩}) - \Delta P = Q_{有效} - \Delta P$$

式中　ΔP——上升煤气对炉料的阻力或支撑力或浮力，也指煤气的压头损失。

炉料下降的力学条件是 $P > 0$，即 $Q_{有效} > \Delta P$，料柱本身重力克服各阻力作用后仍为正值。P 值越大，越有利于炉料顺行。当 $Q_{有效}$ 接近 ΔP 时，炉料难行或悬料；当 $Q_{有效} < \Delta P$，炉料不能下降，处于悬料或形成管道。

4.1.5.3 煤气运动

A　煤气的体积与成分的变化

煤气量取决于冶炼强度、鼓风成分、焦比等因素。炉缸煤气在高炉内上升过程中体积总量是增加的，成分在变化。

（1）CO。在风口前的高温区 CO 体积逐渐增大，其原因是：

1）吸收 Fe、Si、Mn、P 等元素直接还原生成的 CO。

2）部分碳酸盐在高温区分解生成的 CO_2 与 C 作用生成 CO。

3）中温区由于参加间接还原又消耗了 CO，所以 CO 量是先增加而后又降低。

（2）CO_2。CO_2在高温区不稳定，与 C 发生气化反应，炉缸、炉腹处煤气中 CO_2 几乎为零，从中温区开始增加，这是因为：

1）间接还原生成 CO_2。

2）碳酸盐分解生成 CO_2。

（3）H_2。高温区的 H_2 来源于鼓风中水分分解和焦炭中的有机 H_2、挥发分中的 H_2 和喷吹燃料中的 H_2，在上升过程中由于参加间接还原和生成 CH_4，含量逐渐减少，但由于炉料中结晶水和碳作用生成部分 H_2，又可适量增加煤气中 H_2 的含量。

（4）N_2。鼓风带入的 N_2、焦炭中的有机 N_2 和喷吹燃料中的挥发 N_2，在上升过程中不参加任何反应，绝对量不变。

（5）CH_4。高温时少量焦炭与 H_2 作用生成 CH_4，上升过程中又加入焦炭挥发分中的 CH_4，但数量很少，变化不大。

B　煤气温度的变化

（1）高炉内热交换现象。炉缸煤气在上升过程中把热量传递给炉料，温度逐渐降低；而炉料在下降过程吸收煤气的热量，温度逐渐上升。

（2）高炉内热交换区域。高炉内热交换时，将高炉分为三个区域：

1）在高炉上部区域，炉顶温度即煤气离开高炉时的温度是评价高炉热交换的重要指标。降低炉顶温度的措施有：煤气在炉内分布合理，煤气与炉料充分接触；提高风温、降低焦比；富氧鼓风等。此外，炉顶温度的高低还与炉料的性质有关。

2）在高炉下部区域，炉缸所具有的温度水平是反映炉缸热制度的重要参数。提高炉缸温度的措施有：提高风温，富氧鼓风等。

3）在高炉上部和下部热交换区之间存在一个热交换达到平衡的空区，此区的特点是炉料与煤气的温差很小，该区煤气的温度对大量使用石灰石的高炉约为 900℃，对大量使用烧结矿的高炉约为 1000℃。

C　煤气压力的变化

压头损失（ΔP）的表示式：$\Delta P = P_{风口} - P_{炉喉}$。

压头损失（ΔP）增加到一定程度时，将妨碍高炉顺行。

D　影响 ΔP 的因素

（1）煤气流的影响：

1）煤气流速。随着煤气流速的增加，ΔP 迅速增加；反之，降低煤气流速能明显降低 ΔP。

2）提高风量，煤气量增加，ΔP 增加，不利于高炉顺行。

3）煤气温度。炉内温度升高，煤气体积膨胀，煤气流速增加，ΔP 增大。

4）煤气压力。炉内煤气压力升高，煤气体积缩小，煤气流速降低，ΔP 减小，有利于炉况顺行。

5）煤气的密度和黏度。降低煤气的密度和黏度能降低 ΔP。

（2）原料的影响：

1）粒度。从降低 ΔP 以有利于高炉顺行的角度看，增大原料的粒度是有利的，但是对矿石的还原反应不利。

2）孔隙度。入炉原料的孔隙度大，透气性好，ΔP 将降低，有利于炉况的顺行。

（3）其他方面：

1）装料制度：一切疏松边缘的装料制度，均能促进 ΔP 的下降，有利于炉况顺行。

2）造渣制度：渣量少、成渣带薄、初渣黏度小都会使 ΔP 下降，有利于炉况顺行。

4.1.5.4　煤气流分布

（1）合理的煤气流分布。合理的煤气流分布是在保证高炉顺行的前提下，煤气的热能、化学能利用充分，且焦比最低的煤气流分布。按现有的高炉装料设备，保持较多的边沿和中心两大气流，有利于炉况顺行的同时，使高炉中心料柱活跃，中心温度提高，煤气能量得到充分利用。

（2）获得最佳煤气分布的条件和方法：

1）精料：对于矿石整粒，缩小平均粒度，粉末要少，要有良好的常温和高温性能，还原性要好，成分要稳定。

2）高压：提高炉顶压力能有效地降低煤气流速，减少料柱压力损失，有利于炉况顺行。

3）采用喷吹技术：从风口喷吹燃料能改善煤气流及其温度的初始分布，对于活跃炉缸，发展中心气流对炉况的顺行十分有利。

4）灵活的调节布料手段，做好上下部调剂。

4.1.5.5　高炉的上部调剂

上部调剂是根据高炉装料设备特点，按原燃料的物理性质及在高炉内的分布特征，正确选择装料制度，保证高炉顺行，获得合理的煤气分布，最大限度地利用煤气的热能和化学能。

4.1.6　炼铁工艺计算

4.1.6.1　配料计算

A　计算的原始条件

（1）入炉物料的化学成分。为保证计算结果的正确和合理，要对原始数据进行核查和处理。因现场提供的化验成分不全面，为此应按元素在原料中的存在形态补全应有的组成，并使各组分含量之和等于100%。如矿石中其他物质（如碱金属化合物）未做化验分析，所有常规分析组分之和（包括烧损等）不等于100%，则可补加一个其他项，使总和等于100%。

（2）冶炼条件：

1）根据生产计划确定生铁品种及主要成分含量。

2）炉渣碱度根据原料条件和生铁品种确定。

3）送风制度等其他冶炼条件。

（3）计算中需选定的数据。例如矿石配比、各种元素在渣和铁中的分配率、铁的直接还原度，可根据相似冶炼条件下的计算结果选定。

B　配料计算方法

以 1t 铁为基准进行计算：

（1）锰矿用量的计算。据锰量平衡，在混合矿含锰量不高的情况下，每吨生铁所需的锰矿量可按下式计算：

$$G_{Mn} = \frac{1000}{Mn_{锰矿}}\left(\frac{Mn_铁}{\eta_{Mn}} - \frac{Fe_铁}{Fe_矿}Mn_矿\right)$$

式中　　　　　　G_{Mn}——锰矿用量，kg/t；

$Mn_{锰矿}$，$Mn_铁$，$Mn_矿$——分别为锰矿、生铁及混合矿中的锰含量，%；

$Fe_铁$，$Fe_矿$——分别为生铁和混合矿中的铁含量，%；

η_{Mn}——锰进入生铁的比率。

（2）矿石需要量计算。由铁平衡计算矿石需要量：

$$P = \left[Fe_铁 + Fe_渣 + Fe_尘 - (Fe_焦 + Fe_煤)\right]/Fe_矿$$

式中　　　　　　　P——矿石需要量，kg/t；

$Fe_铁$，$Fe_渣$，$Fe_尘$，$Fe_焦$，$Fe_煤$——分别为生铁、炉渣、炉尘、焦炭、煤粉中的含铁量，kg/t；其中 $Fe_渣 = (1 - \eta_{Fe})Fe_铁/\eta_{Fe}$；

η_{Fe}——铁元素进入生铁的比率。

（3）熔剂用量计算。根据炉渣碱度定义有：

$$R_2 = \frac{\Sigma[G_i(CaO)_i]}{\Sigma[G_i(SiO_2)_i] - 2.143Si_铁}$$

式中　　　　　　G_i——各原、燃料用量，kg/t；

$(CaO)_i$，$(SiO_2)_i$——各原、燃料中 CaO、SiO_2 含量，%；

$Si_铁$——进入生铁的 Si 量，kg/t。

C　配料计算

现场配料计算是在矿批、配矿比例、负荷（或焦比）一定的条件下，根据原燃料成分和造渣制度的要求，计算熔剂（包括萤石、锰矿等洗炉料）的用量，有时还要对生铁中的某一成分（如硫、磷等）作估计。下面结合实例加以介绍。

例 1　已知原燃料成分，见表 4-1。造渣制度要求炉渣碱度 CaO/SiO₂ = 1.05，MgO 含量为 12%，有关经验数据及设定值为：

[Si]/%	[Fe]/%	η_{Fe}/%	L_S	挥发硫含量/%
0.50	94.5	100.0	25.0	5.0

表 4-1　原燃料成分

物料	每批重量/kg	Fe/%	FeO/%	CaO/%	SiO₂/%	MgO/%	S/%
烧结矿	1423	50.95	9.5	10.4	7.70	3.2	0.029
球团矿	251	62.9	10.06	1.23	7.44	0.88	0.026
焦炭	620	0.54			5.55		0.76
白云石				20.95		30.0	
石灰石				4.58		49.0	

求 白云石和石灰石如何配？生铁中含硫［S］能达到多少？

解 （1）一批料的理论出铁量（$T_理$）与被还原的 SiO_2 量计算：

$$T_理 = \frac{1423 \times 0.5095 + 251 \times 0.629 + 620 \times 0.0054}{0.945} = 937.8\,kg$$

$$被还原的 SiO_2 量 = 937.8 \times 0.005 \times \frac{60}{28} = 10.0\,kg$$

（2）一批料的理论出渣量（$T_渣$）计算：

原料带入 SiO_2 量 = 1423 × 0.077 + 251 × 0.0744 + 620 × 0.0555 = 162.7kg

进入炉渣 SiO_2 量 = 162.7 − 10.0 = 152.7kg

进入炉渣 CaO 量 = 152.7 × 1.05 = 160.3kg

烧结矿和生矿中的 Al_2O_3 量一般是不分析的，因而渣中 Al_2O_3 量可取生产经验数据，这里取 Al_2O_3 含量为12%，另外渣中 S、FeO、MnO 等微量组分之和按生产数据取为4%，由于渣中 MgO 含量要求为12%，故渣中

（CaO）+（SiO_2）= 100% −（12 + 4 + 12）% = 72%

$T_渣$ =（152.7 + 160.3）/0.72 = 434.7kg

吨铁渣量 =（434.7/937.8）× 1000 = 463.5kg

（3）白云石用量计算：

应进入炉渣的 MgO 量 = 434.7 × 0.12 = 52.2kg

炉料已带入 MgO 量 = 1423 × 0.032 + 251 × 0.0088 = 47.7kg

应配加白云石量 =（52.2 − 47.7）/0.2095 = 21.5kg，取21kg。

（4）石灰石用量计算：

炉料已带入 CaO 量 = 1423 × 0.104 + 251 × 0.0123 + 21 × 0.30 = 157.4kg

应配加石灰石量 =（160.3 − 157.4）/0.49 = 5.9kg，取6kg。

（5）生铁含［S］量估算：

入炉硫量 = 1423 × 0.00029 + 251 × 0.00026 + 620 × 0.0076 = 5.19kg

吨铁硫负荷 =（5.19/937.8）× 1000 = 5.53kg/t

其中燃料带入硫量 =（620 × 0.0076）/5.53 × 100% = 85.2%

由硫平衡建立联立方程：

$$\begin{cases} 937.8［S］+ 434.7（S）= 0.95 \times 5.19 \\ L_S =（S）/［S］= 25 \end{cases}$$

式中　（S）——渣中含硫量，%；

　　　［S］——生铁中含硫量，%。

解得，［S］= 0.042%。

例2 已知冶炼每吨生铁加碎铁 50kg，焦比为550kg/t，渣量500kg，炉尘量为30kg，求单位生铁的矿石消耗量。（碎铁：Fe = 75%；焦炭：Fe = 0.6%；渣量：Fe = 0.5%；炉尘：Fe = 40%；矿石：Fe = 55%，［Fe］= 93%）

解　$P_矿$ = ［1000［Fe］+ $G_渣$ × $Fe_渣$ + $G_尘$ × $Fe_尘$ −（$G_碎$ × $Fe_{碎铁}$ + $K_焦$ × $Fe_焦$）］/$Fe_矿$

　　　= ［1000 × 0.93 + 500 × 0.005 + 30 × 0.4 −（50 × 0.75 + 550 × 0.006）］/0.55

　　　= 1643.1kg/t

D　熔剂调整

（1）当原料成分（CaO 或 SiO$_2$ 含量）波动时，炉渣碱度也随之波动，为稳定炉渣碱度，熔剂量应作调整。

例 3　用例 1 中条件，矿批大小和炉料配比不变，只是烧结矿中 CaO 含量由 10.4% 降至 9.4%，问石灰石量和焦炭负荷如何调整？

解　设石灰石量增加 ΔL（kg），焦炭量增加 ΔJ（kg）

利用炉渣碱度不变，列方程：
$$[(0.104 - 0.094) \times 1423 + 1.05 \times 0.0555\Delta J]/0.49 = \Delta L \tag{4-1}$$

由于熔剂用量增加，按经验每 100kg 石灰石需补焦 30kg，则：
$$\Delta J = (30/100)\Delta L \tag{4-2}$$

由式（4-1）、式（4-2）联立解出 $\Delta L = 30$，$\Delta J = 9$。

焦炭负荷为：$(1423 + 251)/(620 + 9) = 2.66\text{kg/kg}$

因此变料时石灰石增加 30kg/批，焦炭增加 9kg/批。

（2）根据脱硫的需要，操作时常需调整炉渣碱度，调整炉渣碱度是通过改变熔剂用量来实现的。调整碱度时各原料的熔剂需要量变化用下式计算：

$$\Delta\phi = \frac{(\text{SiO}_2 - e\frac{60}{28}[\text{Si}])\Delta R}{\text{CaO}}$$

式中　$\Delta\phi$——各原料所需熔剂的变动量，kg/kg；

　　SiO_2——各原料的 SiO$_2$ 含量，%；

　　　e——各原料理论出铁量，kg/kg。

$$e = \frac{\text{Fe}_{料}\ \eta_{\text{Fe}}}{[\text{Fe}]}$$

式中　$\text{Fe}_{料}$——原料含铁量，%；

　　η_{Fe}——铁元素进入生铁比率，%；

　　$[\text{Fe}]$——生铁含铁量，%；

　　$[\text{Si}]$——生铁含硅量，%；

　　ΔR——碱度变化量；

　　CaO——石灰石的 CaO 含量，%。

例 4　用例 1 中条件，矿石批重及矿石配比等不变，当炉渣碱度由 1.05 提高至 1.10 时，石灰石量应如何调整？

解　各原料理论出铁量计算如下：

烧结矿：　　　　$e_{烧} = (0.5095 \times 1.0)/0.945 = 0.5392\text{kg/kg}$

球团矿：　　　　$e_{球} = (0.629 \times 1.0)/0.945 = 0.6656\text{kg/kg}$

焦　炭：　　　　$e_{焦} = (0.0054 \times 1.0)/0.945 = 0.0057\text{kg/kg}$

各原料需变动的熔剂量为：

烧结矿：$\Delta\phi_{烧} = \dfrac{0.077 - 0.5392 \times \dfrac{60}{28} \times 0.005}{0.49} \times (1.1 - 1.05) = 0.0073\text{kg/kg}$

球团矿：$\Delta\phi_{球} = \dfrac{0.0744 - 0.6659 \times \dfrac{60}{28} \times 0.005}{0.49} \times (1.1 - 1.05) = 0.0069\text{kg/kg}$

焦　炭：$\Delta\phi_{焦} = \dfrac{0.0555 - 0.0057 \times \dfrac{60}{28} \times 0.005}{0.49} \times (1.1 - 1.05) = 0.0057\text{kg/kg}$

设石灰石增加量为 ΔL，焦炭增加量为 ΔJ，则据 CaO 平衡有：

$$1423 \times 0.0073 + 251 \times 0.0069 + 0.0057\Delta J = \Delta L \tag{4-3}$$

据经验每增加 100kg，石灰石需补焦 30kg，则：

$$\Delta J = (30/100)\Delta L \tag{4-4}$$

由式（4-3）、式（4-4）联立解出　$\Delta L = 12$；$\Delta J = 3.6$，取 4。

炉渣碱度提高以后石灰石应增加 12kg/批，焦炭应增加 4kg/批。

E　负荷调节

（1）改变负荷调节炉温计算。生产中炉温习惯用生铁含［Si］量来表示。高炉炉温的改变通常用调整焦炭负荷来实现，理论计算和经验都表明，生铁含［Si］每变化 1%，影响焦比 40~60kg/t，小高炉取上限。

当固定矿批调整焦批时，可用下式计算：

$$\Delta J = \Delta[\text{Si}]mE$$

式中　ΔJ——焦批变化量，kg/批；

$\Delta[\text{Si}]$——炉温变化量，%；

m——［Si］每变化 1% 时焦比变化量，kg/t；

E——每批料的出铁量，t/t，假定铁全部由矿石带入，则 $E = Pe_{矿}$，其中 P 为矿批重，t/批，$e_{矿}$ 为矿石理论出铁量，t/t。

例 5　用例 4 中条件，假设炉温变化量 $\Delta[\text{Si}] = 0.2\%$，取 $m = 60\text{kg/t}$，问焦批如何调整？

解　$\Delta J = 0.2 \times 60 \times (1.423 \times 0.5392 + 0.251 \times 0.6656) = 11\text{kg/批}$

因此，焦批的调整量为 11kg/批。

当固定焦批调整矿批时，矿批调整量由下式计算：

$$\Delta P = \Delta[\text{Si}]mEH$$

式中　ΔP——矿批调整量，kg/批

H——焦炭负荷。

例 6　矿批重 40t/批，批铁量 23t/批，综合焦批量 12.121t/批，炼钢铁改铸造铁，［Si］从 0.4% 提高到 1.4%，求［Si］变化 1.0% 时，（1）矿批不变，应加焦多少？（2）焦批不变，减矿多少？

解　（1）矿批重不变

$$\Delta K = \Delta[\text{Si}] \times 0.04 \times 批铁量 = 1.0 \times 0.04 \times 23 = 0.92\text{t/批}$$

（2）焦批不变

$$\Delta P = 矿批重 - (矿批重 \times 焦批重)/(焦批重 + \Delta[\text{Si}] \times 0.04 \times 批铁量)$$
$$= 40 - (40 \times 12.121)/(12.121 + 1.0 \times 0.04 \times 23)$$

$$= 2.822t/批$$

矿批不变，应加焦 0.92t/批；焦批不变，应减矿 2.822t/批。

（2）矿石品位变化时的负荷调节。一般来说，矿石含铁量降低，出铁量减少，负荷没变时焦比升高、炉温上升，应加重负荷；相反，矿石品位升高，出铁量增加，炉温下降，因此应减轻负荷。两种情况负荷都要调整，负荷调整是按焦比不变的原则进行。

例 7　620m³ 高炉焦批 3850kg，焦丁批重 200kg，矿批 15000kg，每小时喷煤 8000kg，每小时跑 6 批料，求焦炭综合负荷。

$$焦炭综合负荷 = 15/(8/6 + 3.85 + 0.2) = 2.79t/t$$

当矿批不变调整焦批时，焦批变化量由下式计算：

$$\Delta J = \frac{P \cdot (\mathrm{Fe}_后 - \mathrm{Fe}_前)\eta_{\mathrm{Fe}}K}{[\mathrm{Fe}]}$$

式中　ΔJ——焦批变动量，kg/批；

　　　　P——矿石批重，t/批；

$\mathrm{Fe}_前$，$\mathrm{Fe}_后$——分别为波动前、后矿石含铁量，%；

　　　　η_{Fe}——铁元素进入生铁的比率；

　　　　K——焦比，kg/t；

　　　　$[\mathrm{Fe}]$——生铁含铁量，%。

例 8　已知烧结矿含铁量由 53% 降至 50%，原焦比为 580kg/t，矿批 1.8t/批，$\eta_{\mathrm{Fe}} = 0.997$，生铁中 $[\mathrm{Fe}] = 95\%$，问焦批如何变动？

解　焦批变动量为：

$$\Delta J = [1.8 \times (0.50 - 0.53) \times 0.997 \times 580]/0.95 = -33kg/批$$

因此，当矿石含铁量下降后，每批料焦炭应减少 33kg。

当固定焦批调整矿批时，调整后的批重（kg/批）为：

$$P_后 = \frac{P \cdot \mathrm{Fc}_前}{\mathrm{Fe}_后}$$

上述计算是以焦比不变的原则进行的，实际上还要根据矿石的脉石成分变化，考虑影响渣量多少、熔剂用量的增减等因素。

（3）焦炭灰分变化时的负荷调整。当焦炭灰分变化时，其固定碳含量也随之变化，因此相同数量的焦炭发生热量变化，为稳定高炉热制度，必须调整焦炭负荷。调整的原则是保持入炉的总碳量不变。

当固定矿批调整焦批时，每批焦炭的变动量为：

$$\Delta J = \frac{(\mathrm{C}_前 - \mathrm{C}_后)J}{\mathrm{C}_后}$$

式中　ΔJ——焦批变动量，kg/批；

$\mathrm{C}_前$，$\mathrm{C}_后$——波动前、后焦炭的含碳量，%；

　　　　J——原焦批重量，kg/批。

例 9　已知焦批重为 620kg/批，焦炭固定碳含量由 85% 降至 83%，问焦炭负荷如何调整？

解　焦批变动量：

$$\Delta J = [(0.85 - 0.83) \times 620]/0.83 = 15 \text{kg/批}$$

因此，当固定碳降低后，每批料应多加焦炭15kg。

当固定焦批调整矿批时，矿批变动量为：

$$\Delta P = [(C_{前} - C_{后})JH]/C_{后}$$

式中　ΔP——矿批变动量，kg/批；

　　　　H——焦炭负荷。

（4）风温变化时调整负荷计算。高炉生产中由于多种原因，可能出现风温较大的波动，从而导致高炉热制度的变化，为保持高炉操作稳定，必须及时调整焦炭负荷。

高炉使用的风温水平不同，风温对焦比的影响不同，按经验可取表4-2中的数据。

表4-2　风温与焦比变化值

风温水平/℃	600~700	700~800	800~900	900~1000	1000~1100
焦比变化/%	7	6	5	4.5	4

风温变化后焦比可按下式计算：

$$K_{后} = \frac{K_{前}}{1 + \Delta Tn}$$

式中　$K_{后}$——风温变化后的焦比，kg/t；

　　　　$K_{前}$——风温变化前的焦比，kg/t；

　　　　ΔT——风温变化量，以100℃为单位，每变化100℃，$\Delta T = 1$；

　　　　n——每变化100℃风温焦比的变化率,%（风温提高为正值，风温降低为负值）。

当固定矿批调整焦批时，调整后的焦批由下式计算：

$$J_{后} = K_{后}E$$

式中　$J_{后}$——调整后的焦炭批重，kg/批；

　　　　E——每批料的出铁量，t/批，$E = J_{前}/K_{前}$；

　　　　$J_{前}$——风温变化前的焦炭批重，kg/批。

例10　已知某高炉焦比为570kg/t，焦炭批重为620kg/批，风温由1000℃降至950℃，问焦炭批重如何调整？

解　风温降低后焦比为：

$$K_{后} = 570/(1 - 0.5 \times 0.045) = 583 \text{kg/t}$$

当矿批不变时，调整后的焦炭批重为：

$$J_{后} = 583 \times (620/570) = 634 \text{kg/批}$$

因此，由于风温降低50℃，焦炭批重应增加14kg/批。

例11　某高炉要把铁水含硅量由0.7%降至0.5%，问需要减风温多少？（已知100℃±焦比20kg，1%Si±焦比40kg）

解　由1%Si±焦比40kg知0.1%Si±焦比4kg

所以　　　　　$$\frac{0.7\% - 0.5\%}{0.1\%} \times 4\text{kg} = 8\text{kg}$$

$$减风温 = (100 \times 8)/20 = 40℃$$

当焦批固定调节矿批时，调整后的矿石批重为：

$$P_{后} = J_{前}/(K_{后}e_{矿})$$

式中　$P_后$——调整后的矿石批重，kg/批；

　　　$e_矿$——矿石理论出铁量，t/t。

4.1.6.2　冶炼周期

冶炼周期是指炉料在炉内的停留时间。其表明高炉下料速度的快慢，是高炉冶炼的一个重要指标。习惯的计算方法是：

（1）用时间表示：

$$t = \frac{24V_有}{PV'(1-C)}h \qquad \eta_有 = \frac{P}{V_有}$$

$$t = \frac{24}{\eta_有 V'(1-C)}h$$

式中　t——冶炼周期，h；

　　　$V_有$——高炉有效容积，m^3；

　　　P——高炉日产量，t/d；

　　　V'——1t 铁的炉料体积，m^3/t；

　　　C——炉料在炉内的压缩系数，大中型高炉 $C \approx 12\%$，小型高炉 $C \approx 10\%$。

此为近似公式，因为炉料在炉内，除体积收缩外，还有变成液相或变成气相的体积收缩等，故它可看作是固体炉料在不熔化状态下在炉内的停留时间。

（2）用料批表示：生产中常采用由料线平面到达风口平面时的下料批数，作为冶炼周期的表达方法。如果知道这一料批数，又知每小时下料的批数，同样可求每批料下料所需的时间。

$$N_批 = \frac{V}{(V_矿 + V_焦)(1-C)}$$

式中　$N_批$——由料线平面到风口平面的炉料批数；

　　　V——风口以上的工作容积，m^3；

　　　$V_矿$——每批料中矿石料的体积（包括熔剂），m^3；

　　　$V_焦$——每批料中焦炭的体积，m^3。

通常矿石的堆积密度取 $2.0 \sim 2.2t/m^3$，烧结矿取 $1.6t/m^3$，焦炭取 $0.45t/m^3$。

例 12　有效容积为 1260m^3 的高炉，矿批重 30t，焦批重 8t，压缩率为 15%。

求　从料面到风口水平面的料批数（冶炼周期），（$r_矿$ 取 1.8，$r_焦$ 取 0.5，工作容积取有效容积的 85%）

解　工作容积 = 1260 × 0.85 = 1071m^3

每批料的炉内体积 = （30/1.8 + 8/0.5）× 0.85 = 27.77m^3

到达风口平面的料批数 = 1071/27.77 ≈ 39 批

经过 39 批料到达风口平面。

例 13　炼铁厂 620m^3 高炉日产生铁 1400t，料批组成为焦批 3850kg，焦丁批重为 200kg，烧结矿批重 12000kg，海南矿批重 1000kg，大冶球团矿 2000kg，每批料出铁 8700kg，试计算其冶炼周期（炉料压缩率取 12%，原燃料堆比重：烧结矿 1.75，球团矿 1.75，焦炭 0.5，焦丁 0.6，海南矿 2.6）。

解　每吨铁所消耗的炉料体积 $=$ （$385/0.5 + 0.2/0.6 + 12/1.75 + 2/1.75 + 1/2.6$）/ $8.7 = 1.886m^3$

$$冶炼周期 = \frac{24 \times 620}{1400 \times 1.886(1 - 12\%)} = 6.4h$$

4.1.6.3　风量及煤气量计算

$1m^3$ 的 O_2 燃烧后生成 $2m^3$ 的 CO 和 $\frac{79}{21}$ m^3 的 N_2，则 $1m^3$ 干风（不含水分的空气）的燃烧产物为：

$$CO = 2 \times \frac{100}{2 + \frac{79}{21}}\% = 34.7\%$$

$$N_2 = \frac{79}{21} \times \frac{100}{2 + \frac{79}{21}}\% = 65.3\%$$

当鼓风中有一定水分时，随鼓风湿度的增加，煤气中 H_2 和 CO 的量将会增加，而且吸收热量。煤气成分的计算：

设鼓风湿度为 f（%），则 $1m^3$ 湿风中的干风体积为（$1 - f$）（m^3）

$1m^3$ 湿风中含氧量为 0.21（$1 - f$）$+ 0.5f = 0.21 + 0.29f$（m^3）

$1m^3$ 湿风含氮量为 0.79（$1 - f$）（m^3）

$1m^3$ 湿风的燃烧产物成分（%）为：

$$CO = 2 \times (0.21 + 0.29f)　（m^3）$$

$$CO = \frac{CO \times 100}{CO + N_2 + H_2}$$

$$H_2 = f（m^3）$$

$$H_2 = \frac{H_2 \times 100}{CO + N_2 + H_2}$$

$$N_2 = 0.79（1 - f）（m^3）$$

$$N_2 = \frac{N_2 \times 100}{CO + N_2 + H_2}$$

燃烧 1kg 碳素所需要的风量 $V_{风}$ 的计算：

由 $C + CO_2 = 2CO$ 可知，燃烧 1kg 碳素所需要的氧量 $=$（0.5×22.4）$/12 = 0.933m^3/kg$。燃烧 1kg 碳素所需要的风量 $V_{风}$ 为：$V_{风} = 0.933/(0.21 + 0.29f)$　m^3/kgC。

燃烧 1kg 碳素所生成的炉缸煤气 $V_{煤}$ 是生成的 CO、N_2、H_2 的体积之和，即：

$$V_{煤} = V_{风}（V_{CO} + V_{N_2} + V_{H_2}）（m^3）$$

式中　V_{CO}，V_{N_2}，V_{H_2}——分别为 CO、N_2、H_2 燃烧产物的体积，m^3。

例 14　$380m^3$ 高炉干焦批重 3.2t，焦炭含碳 85%，焦炭燃烧率为 70%，大气湿度 1%，计算风量增加 $200m^3/min$ 时，每小时可多跑几批料？

解　含氧量增加：200（$0.21 + 0.29 \times 1\%$）$= 42.58m^3/min$

每批料需氧气量：$3.2 \times 1000 \times 0.85 \times 0.7 \times [22.4/(2 \times 12)] = 1776.4m^3$

每小时可多跑料：$(42.58 \times 60)/1776.4 = 1.44$ 批

每小时可多跑 1.44 批。

例15　高炉吨铁发生干煤气量为 $1700m^3/t$，煤气中 N_2 含量为 56%，鼓风 N_2 含量为 78%，焦比 380kg/t，焦炭中 N_2 含量为 0.3%，煤比 110kg/t，煤粉中 N_2 含量为 0.5%，试计算吨铁鼓风量为多少？（不考虑炉尘损失）

解　按 N_2 平衡计算吨铁鼓风量为：

$$\frac{1700 \times 0.540 - (380 \times 0.003 + 110 \times 0.005) \times \frac{22.4}{28}}{0.789} = 1218.78 m^3/t$$

吨铁鼓风量为 $1218.78m^3/t$。

例16　已知鼓风中含水为 $16g/m^3$，求炉缸初始煤气成分。

解　　　　　　$f = (16 \times 22.4/18)/1000 = 0.02 = 2\%$

$$O_2 = 0.21 \times (1-f) + 0.5f = 0.21 \times (1-0.02) + 0.5 \times 0.02 = 0.2158$$

燃烧 1kgC 需风量 $V_{风} = 22.4/2 O_2 = 4.323 m^3$

生成炉缸煤气为：

$$V_{CO} = 2V_{风} O_2 = 2 \times 4.323 \times 0.2158 = 1.866 m^3$$

$$V_{N_2} = V_{风} N_2 = V_{风} \times 0.79 \times (1-f) = 4.323 \times 0.79 \times (1-0.02) = 3.347 m^3$$

$$V_{H_2} = V_{风} f = 4.323 \times 0.02 = 0.086 m^3$$

炉缸煤气量 $V_{煤} = V_{CO} + V_{N_2} + V_{H_2} = 1.866 + 3.347 + 0.086 = 5.299 m^3$

炉缸煤气成分为：

$$CO = (V_{CO}/V_{煤}) \times 100\% = (1.866/5.299) \times 100\% = 35.22\%$$

$$N_2 = V_{N_2}/V_{煤} \times 100\% = (3.347/5.299) \times 100\% = 63.16\%$$

$$H_2 = V_{H_2}/V_{煤} \times 100\% = (0.086/5.299) \times 100\% = 1.42\%$$

4.2　主　要　设　备

高炉是一种生产液态生铁的鼓风竖炉，其工作空间是用耐火材料砌筑而成的，高炉内部工作空间剖面的形状称为高炉炉型或高炉内型。高炉冶炼的实质是上升的煤气流和下降的炉料之间进行传热和传质的过程，因此必须提供相应的空间。高炉炉型必须适应原燃料条件的要求，保证冶炼过程的顺行。

4.2.1　高炉炉型

高炉炉型是随着原燃料条件的改善、操作技术水平的提高、科学技术的进步而不断发展变化的，逐步形成了现代的五段式高炉炉型。五段式高炉炉型由炉缸、炉腹、炉腰、炉身和炉喉组成，如图4-1所示。

（1）设计炉型。按照设计尺寸砌筑的高炉炉型。

（2）操作炉型。指高炉投产后，工作一段时间，炉衬被侵蚀，高炉内型发生变化后的炉型。

操作炉型特点是"两大三不变"：炉身下部变宽，炉腹上延，炉缸下部变大且向下延伸；而风口直径、有效高度、炉喉直径受金属结构的限制不变。

（3）合理炉型。指冶炼效果较好，可以获得优质产品、低耗、高产和长寿的炉型，具有时间性和相对性。

4.2.2 高炉各部分形状及尺寸

4.2.2.1 高炉有效容积和有效高度

（1）高炉有效高度。高炉大钟下降位置的下缘到铁口中心线间的距离称为高炉有效高度（H_u），对于无钟炉顶为旋转溜槽最低位置的下缘到铁口中心线之间的距离。

（2）高炉有效容积。在有效高度范围内，炉型所包括的容积称为高炉有效容积（V_u）。

（3）H_u/D。有效高度与炉腰直径的比值（H_u/D）是表示高炉"矮胖"或"细长"的一个重要设计指标，不同炉型的高炉，其比值的范围见表4-3。

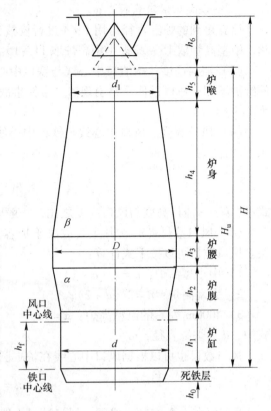

图 4-1　高炉炉型

表 4-3　不同炉型高炉 H_u/D 比值的范围

不同炉型高炉	巨型高炉	大型高炉	中型高炉	小型高炉
H_u/D	1.5~2.0	2.5~3.1	2.9~3.5	3.7~4.5

4.2.2.2 炉缸

高炉炉型下部的圆筒部分为炉缸，炉缸的上、中、下部位分别设有风口、渣口与铁口。

（1）炉缸截面燃烧强度，指每小时每平方米炉缸截面积所燃烧的焦炭的数量，一般为 1.0~1.25t/($m^2 \cdot h$)。

（2）炉缸直径：

$$d = 0.23 \sqrt{\frac{I \cdot V_u}{i_{燃}}}$$

式中　I——冶炼强度，t/($m^3 \cdot d$)；

　　　$i_{燃}$——燃烧强度，t/($m^2 \cdot h$)；

　　　V_u——高炉有效容积，m^3；

d——高炉炉缸直径，m。

计算得到的炉缸直径再用 V_u/A 进行校核，不同炉容的 V_u/A 取值为：大型高炉取 22 ~ 28，中型高炉取 15 ~ 22，小型高炉取 11 ~ 15。

（3）渣口高度，指渣口中心线与铁口中心线间距离。渣口过高，下渣量增加，对铁口的维护不利；渣口过低，易出现渣中带铁事故，从而损坏渣口；大、中型高炉渣口高度多为 1.5 ~ 1.7m。

（4）风口高度。风口中心线与铁口中心线间距离称为风口高度（h_f）。风口高度可参照下式计算：

$$h_f = \frac{h_z}{k}$$

式中　k——渣口高度与风口高度之比，一般取 0.5 ~ 0.6，渣量大取低值。

（5）风口数目（n）。其主要取决于炉容大小，与炉缸直径成正比，还与冶炼强度有关。风口数目可以按下式计算：

1）中小型高炉：$n = 2\ (d + 1)$；

2）大型高炉：$n = 2\ (d + 2)$；

3）4000m³ 左右的巨型高炉：$n = 3d$。

式中，d 为炉缸直径，m。

风口数目也可以根据风口中心线在炉缸圆周上的距离进行计算：

$$n = \frac{\pi d}{S}$$

S 取值在 1.1 ~ 1.6m 之间，风口数目一般取偶数。

（6）风口结构尺寸（a）。根据经验直接选定，一般取 0.35 ~ 0.5m。

（7）炉缸高度：$h_1 = h_f + a$。

（8）死铁层。其作用有：

1）残留的铁水可隔绝铁水和煤气对炉底的冲刷侵蚀，保护炉底；

2）热容量可使炉底温度均匀稳定，消除热应力的影响；

3）稳定渣铁温度。

死铁层厚度是指铁口中心线到炉底砌砖表面之间的距离。

4.2.2.3　炉腹

（1）形状：呈倒截圆锥形。

（2）作用：

1）炉腹的形状适应了炉料熔化滴落后体积的收缩，稳定下料速度。

2）可使高温煤气流离开炉墙，既不烧坏炉墙又有利于渣皮的稳定。

3）燃烧带产生大量高温煤气，气体体积剧烈膨胀，炉腹的存在适应这一变化。

（3）炉腹角。炉腹角一般为 79° ~ 83°，过大不利于煤气分布并破坏稳定的渣皮保护层，过小则增大对炉料下降的阻力，不利于高炉顺行。

炉腹的结构尺寸包括炉腹高度和炉腹角。其中炉腹高度由下式计算：

$$h_2 = \frac{D - d}{2} \cdot \tan\alpha$$

4.2.2.4 炉腰

（1）形状：圆柱形空间，是高炉炉型中直径最大的部位。

（2）作用：

1）炉腰处恰是冶炼的软熔带，透气性变差，炉腰的存在扩大了该部位的横向空间，改善了透气条件。

2）在炉型结构上，起承上启下的作用，使炉腹向炉身的过渡变得平缓，减少死角。

（3）炉腰高度：一般取值 1~3m，炉容大取上限，设计时可通过调整炉腰高度修定炉容。一般炉腰直径（D）与炉缸直径（d）有一定比例关系，D/d 取值为：大型高炉取 1.09~1.15，中型高炉取 1.15~1.25，小型高炉取 1.25~1.5。

4.2.2.5 炉身

（1）形状：呈正截圆锥形。

（2）作用：

1）适应炉料受热后体积的膨胀，有利于减小炉料下降的摩擦阻力，避免形成料拱。

2）适应煤气流冷却后体积的收缩，保证一定的煤气流速。

3）炉身高度占高炉有效高度的 50%~60%，保证煤气与炉料之间传热和传质过程的进行。

（3）炉身角：一般取值为 81.5°~85.5° 之间，大高炉取小值，中小型高炉取大值。4000~5000m³ 高炉 β 角取值为 81.5° 左右，前苏联 5580m³ 高炉 β 角取值为 19°42′17″。

（4）炉身高度：

$$h_4 = \frac{D - d_1}{2} \cdot \tan\beta$$

4.2.2.6 炉喉

炉喉的作用是承接炉料、稳定料面和保证炉料合理分布。炉喉直径与炉腰直径比值 d_1/D 取值在 0.64~0.73 之间。

4.2.3 现代高炉的特点——高炉大型化

4.2.3.1 现代高炉大型化的好处

（1）提高劳动生产率。

（2）便于生产组织和管理。

（3）吨铁热量损失减少，有利于燃料消耗的降低。

（4）提高铁水质量，铁水温度高，容易得到低硅低硫铁水。

（5）减少污染点，污染易于集中治理，有利于环保。

4.2.3.2 大型高炉对原、燃料质量的要求

随着高炉的容积增大，必须相应改进原、燃料质量。高炉不论大小都需要精料，但精

料的程度可以不同。例如 $300m^3$ 级高炉的焦炭强度 $M_{40} > 70\%$ 和 $M_{10} < 9\%$ 就足以维持高炉正常生产，而 $2500m^3$ 级高炉的焦炭强度 M_{40} 和 M_{10} 则分别需达到 84% 以上和 7% 以下。同样，大高炉和小高炉对含铁原料质量的最低要求也有差别。过去有的高炉容积扩大了，原、燃料质量没有及时作相应的改进，导致生产指标劣化，效果不佳；后来改善了原、燃料质量，生产指标得到提高。当前，炼焦煤、焦炭、各种含铁原料都是买方市场，改善原、燃料的条件是有的，因此它不是限制高炉大型化的因素。更可喜的是，目前许多 $300m^3$ 级高炉的焦炭强度 M_{40} 已经达到 80% 以上，灰分 12% 以下，吨铁渣量接近 300kg/t，已经具备了改建成为大型高炉的条件。

4.2.3.3　大型化与现代化结合实施

高炉进行扩容改造应按现代化的要求，使用先进、实用、可靠的技术（精料、高风温、高煤比、富氧鼓风、高顶压、长寿命、自动化等技术）。在实现现代化中，我国的科学技术水平已经有了很大的提高，许多技术已进入世界先进行列。在高炉炼铁领域，我国的喷煤技术、高风温技术、长寿技术、冷却设备（铜质、铸铁）和大部分耐火材料、炉顶装料设备（包括无钟炉顶）、各类阀门等都已达到国际先进水平。

4.3　操　　作

4.3.1　岗位职责

（1）服从车间管理，协调、组织本班安全生产。

（2）严格执行本岗位作业指导书，做好高炉日常操作和设备维护保养工作，确保产品质量合格。

（3）及时报告事件、事故，按要求参与应急处理。

4.3.2　工作内容

4.3.2.1　工作前准备

（1）查看槽上料仓原燃料贮存数量、质量情况。

（2）了解设备运转情况，发现设备隐患及未处理完的设备故障要及时通知厂调及有关单位加紧处理。

（3）认真查看日报原始记录，了解上一班操作指导思想，组织好班前会，做好本班安全生产。

4.3.2.2　高炉操作

A　原燃料管理

原燃料是高炉生产的物质基础，高炉生产必须坚持精料方针。高炉所使用的原燃料要求如下：

（1）入炉焦炭质量要求：粒度范围 25 ~ 75mm，其中 > 75mm 的 ≤10%，< 25mm 的

≤8%，<5mm 的≤4%，灰分≤12%，挥发分≤1.5%，硫分≤0.55%，M_{40}≥82%，M_{10}≤7.5%，CSR≥60%，CRI≤26%。

（2）入炉矿石质量要求：

烧结矿：TFe≥57.5%，碱度 2.0±0.05，FeO≤8.0%，转鼓指数≥78%，粒度范围 5~50mm，其中 >50mm 与 <5mm 的均≤5%。

球团矿：TFe≥64%，粒度范围 8~16mm，其中 <5mm 的≤5%，膨胀率≤15%，转鼓指数≥90%，常温耐压强度≥2200 牛/球，还原后耐压强度≥450 牛/球。

生矿：TFe≥64%，热爆裂性≤15%，SiO_2≤6.0%，粒度范围 10~30mm，其中 >30mm 的≤10%，<5mm 的≤5%。

（3）入炉原燃料杂质控制指标：（K+Na）≤2.0kg/t Fe，Zn≤0.15kg/t Fe，S≤3.0 kg/t Fe。

（4）称量。允许称量误差：焦炭≤30kg，矿石≤100kg，定期校正焦秤、矿秤。

B　高炉工艺要求与规定

（1）下料闸开度和溜槽倾动角度误差不大于 0.1°。

（2）探尺指示误差不大于 0.5m，料线低于规定 0.5m 以上时，应酌情减风直至休风。高炉休风时应将探尺提起，以免烧坏。

（3）提高风温的操作应分批进行，以每次 10~20℃、每小时不超过 50℃ 为宜。但炉凉严重、风口涌渣时，可迅速将风温提高到最高水平。

（4）生产正常时，喷吹煤粉的每次调剂量以 5~10kg/t Fe 为宜。

（5）富氧时依据操作方针而定，开始使用量以富氧率为 0.5% 为宜，每次加氧量以富氧率提高 0.1% 为宜。

（6）加重负荷应坚持勤调剂、量相当的原则，一般每次加重负荷以 1.0%~1.5% 为宜，减轻负荷应力求一步减到位。

（7）风压减到 0.05~0.07MPa 时关冷风大闸和混风阀，风温控制改手动，停止上料，提起料尺。

（8）炉顶温度为 150~250℃，大于 300℃ 报警（大于 250℃ 打水冷却，降至 220℃ 停止打水），炉顶设备瞬时最高允许温度为 500℃。严禁炉喉温度超过 800℃，力求炉体冷却壁温度不大于 200℃，内衬温度不大于 400℃。

（9）严禁炉缸存铁量超过安全容铁量。

C　高炉操作制度

高炉操作制度包括送风制度、装料制度、造渣制度和热制度。合理的送风制度和装料制度，能够实现煤气流合理的分布，炉缸工作良好，炉况稳定顺行。生产过程常因送风制度和装料制度不当而引起造渣制度和热制度波动，导致炉况不顺。因此，选择合适的送风制度和装料制度更为重要。

a　送风制度

送风制度主要作用是保持适宜的风速、鼓风动能以及理论燃烧温度，使初始气流分布合理，炉缸工作均匀活跃，热量充沛、稳定。控制方式为选用合适的风量、风温、湿分、富氧、喷吹量、风口直径、长度、内型及其布局等参数，并根据炉况变化对这些参数进行调节，以达到炉况稳定和改善煤气利用的目的。这些通常称为下部调节。

（1）风量。高炉操作应经常保持全风稳定和定风量，风量过大会造成塌料、管道等，长期慢风作业，会影响产量，造成炉型变异、炉冷、炉缸堆积等。

（2）风温。鼓风带入热量约占高炉总热收入的 1/4～1/3，提高风温有活跃炉缸、增加喷吹燃料的数量和效果、降低焦比的作用。

（3）风口选择。风口选择包括对风口的直径、长度、倾斜角的选择，其目的是在一定冶炼条件下，有一个合适的风口面积，以获得适宜的风速，鼓风动能及回旋区使初始煤气流分布合理，炉缸均匀、活跃，以及有利于炉衬的维护。应根据鼓风性质、鼓风参数、高炉冶炼行程状况等来确定与调节风口面积和长度。一般情况下，风口应力求等径、等长、全开、均匀一致，保持风口、吹管、弯头内清洁。长风口有活跃炉缸中心和保护炉墙的作用，短风口则有活跃边缘及消除炉墙黏结的作用。高炉使用较小的风口面积，上部采用适当发展边缘的措施，这种操作制度适宜性较强，炉况稳定性好，但易损坏炉身砖衬，炉腹易结厚，且难以获得良好的经济指标；高炉使用较大的风口面积，上部采用适当加重边缘的措施，在外界条件比较稳定时，有利于强化高炉生产，但对外界的适应性较差。

（4）喷煤。喷煤是当前高炉降低焦比、强化冶炼的主要措施之一，喷吹煤粉可提高煤气还原能力、提高动能、活跃炉缸，属于下部调节手段。

（5）富氧。富氧鼓风有利于提高冶炼强度和理论燃烧温度及增加喷煤量，属于下部调节的手段。在不增加风量的情况下，富氧率提高 1%，能提高产量 3%。

b　装料制度

装料制度包括料批、批重、布料方式及程序等，这些通常称为上部调节。装料制度的选择是按照装料设备特点、炉料的物理性能及其在炉内的分布特性等因素，通过对装料顺序、布料角度及料批、料线、负荷等因素的调整，改变炉料在炉喉的分布状况，使其与下部调节制度相适应，控制煤气流合理分布，既要保证高炉在高强度下顺行，又要最大限度地利用煤气的热能和化学能，不断降低燃料比，同时还要有利于延长高炉寿命。实践证明，合理的上部操作制度应是重负荷、大料批、正分装、重边缘，取得加重边缘打开中心通路的煤气分布。采用无料钟炉顶布料时，无料钟旋转溜槽一般设置 11 个档位，每个档位对应 1 个倾角，布料时由外环开始逐渐向内环进行，可实现单环布料、螺旋布料、定点布料和扇形布料等多种布料方式。

c　造渣制度

造渣制度应适合高炉冶炼要求，有利于高炉稳定顺行，有利于冶炼优质生铁。根据原燃料条件，选择最佳的炉渣成分和碱度。

选择造渣制度主要取决于原料条件和冶炼铁种，应尽量满足以下要求：

（1）在选择炉料结构时，应考虑让初渣生成较晚，软熔的温度区间较窄，这对炉料透气性有利，初渣中 FeO 含量也少。

（2）炉渣在炉缸正常温度下应有良好的流动性，1400℃时黏度小于 1.0Pa·s，1500℃时为 0.2～0.3Pa·s，黏度转折点温度不大于 1250～1300℃。

（3）炉渣应具有较大的脱硫能力，L_s 应在 30 以上。

（4）当冶炼不同铁种时，炉渣应根据铁种的需要促进有益元素的还原，阻止有害元素进入生铁。

（5）当炉渣成分或温度发生波动（温度波动 ±25℃，CaO/SiO_2 波动 ±0.5）时，能够保持比较稳定的物理性能。

（6）一般原燃料条件下，二元碱度 $R_2 = 1.15 ± 0.05$ 即可满足冶炼要求。若渣量少、(Al_2O_3) 偏高时，二元碱度应高些，相反条件，二元碱度应低些。渣中 (MgO) 主要是改善炉渣流动性和稳定性，最佳含量为 7%~10%，当渣中 (Al_2O_3) 偏高时，其最高含量不宜超过 16%。

通常是利用改变炉渣成分包括碱度来满足生产中的下列需要：

（1）因炉渣碱度过高而炉缸产生堆积时，可用比正常碱度低的酸性渣去清洗。若高炉下部有黏结物或炉缸堆积严重时，可以加入萤石，以降低炉渣黏度和熔化温度，清洗下部黏结物。

（2）根据不同铁种的需要利用炉渣成分促进或抑制硅、锰还原。当冶炼硅铁、铸造铁时，需要促进硅的还原，应选择较低的炉渣碱度；但冶炼钢铁时，既要控制硅的还原，又要求较高的铁水温度，因此，宜选择较高的炉渣碱度。若冶炼锰铁，因 MnO 易形成 $MnSiO_3$ 转入炉渣，而从 $MnSiO_3$ 中还原锰比由 MnO 还原锰困难，并要多消耗 585.47kJ/kg 热量，如提高渣碱度用 CaO 置换渣中 MnO，对锰还原有利，还可降低热量消耗。一般各铁种的炉渣碱度见表4-4。

表 4-4 各铁种的炉渣碱度

铁 种	硅 铁	铸造铁	炼钢铁	锰 铁
CaO/SiO_2	0.60~0.90	0.80~1.05	1.05~1.20	1.20~1.70

（3）利用炉渣成分脱除有害杂质。当矿石含碱金属（钾、钠）较高时，为了减少碱金属在炉内循环富集的危害，需要选用熔化温度较低的酸性炉渣。相反，若炉料中含硫较高时，需要提高炉渣碱度，以利脱硫。如果单纯增加 CaO 来提高炉渣碱度，虽然 CaO 与硫的结合力提高了，可是炉渣黏度增加、渣中硫的扩散速度降低，不仅不能很好地脱硫，还会影响高炉顺行；特别是当渣中 MgO 含量低时，增加 CaO 含量对黏度等炉渣性能影响更大。因此，应适当增加渣中 MgO 含量，提高三元碱度以增加脱硫能力。虽然从热力学的观点看，MgO 的脱硫能力比 CaO 弱，但在一定范围内 MgO 能改善脱硫的动力学条件，因而脱硫效果很好。首钢曾经做过将 MgO 含量由 4.31% 提高到 16.76% 的试验，得到 MgO 与 CaO 对脱硫能力的比值是 0.89~1.15，MgO 含量以 7%~12% 为好。

d 热制度

热制度直接反映了炉缸工作的热状态。表示热制度的指标有两个：一个是铁水温度，正常生产时在 1350~1550℃ 之间波动，一般为 1450℃ 左右，俗称"物理热"；另一个是生铁含硅量，因硅全部是直接还原，炉缸热量越充足，越有利于硅的还原，生铁中含硅量就高，所以生铁含硅量的高低，在一定条件下可以表示炉缸热量的高低，俗称"化学热"。在现代冶炼条件下炼钢铁的一般规定为：生铁 [Si] 含量为 0.4%~0.5%，严禁 [Si] < 0.2%，不允许连续两炉 [Si] < 0.3%。含硅量应控制在 0.3%~0.5%，铁水温度中小高炉不低于 1450℃，大高炉不低于 1470℃。

选择合理的热制度，控制合适的铁水含硅量及铁水温度，以便在现有条件下，以最低的能耗生产出合格的铁水，取得最佳经济效益。

合理的热制度通过上部调剂、下部调剂和负荷调剂来实现。热制度根据冶炼生铁的品种、原燃料条件、喷吹物的数量和质量、冶炼强度、炉衬状况等因素决定。如冶炼制钢铁、原燃料质量好、含硫低、炉渣流动性好、脱硫能力强、炉型规则、炉缸活跃时，可适当降低 [Si] 含量；反之则应提高 [Si] 含量。为维持高炉的稳定顺行，降低焦比，提高铁水质量，应保持充足稳定的炉温。

影响热制度的因素实际上就是影响炉缸热状态的因素。炉缸热状态是由高温和热量这两个重要因素合在一起的高温热量来表达的：单有高温而没有足够的热量，高温是维持不住的，单有热量而没有足够高的温度就无法保证高温反应的进行（例如硅的还原、炉渣脱硫等），也不能将渣铁加热到所要求的温度。高温是由燃料在风口燃烧带内热风流股中燃烧达到的，$t_{理}$ 是理论上最高温度水平，而热量由燃料在燃烧过程中放出的热量来保证，加热焦炭（达到所要求的温度 $t_{c} = (0.7 \sim 0.75) t_{理}$）和过热渣铁（温度到 $t_{渣} = 1550℃$ 左右及 $t_{铁水} = 1450 \sim 1500℃$），还需要有良好的热交换，将高温煤气热量传给焦炭和渣铁。因此影响炉缸热制度的因素有：

（1）影响高温（$t_{理}$）方面的因素，如风温、富氧、喷吹燃料、鼓风湿度等；

（2）影响热量消耗方面的因素，如原料的品位和冶金性能、炉内间接还原发展程度等；

（3）影响炉内热交换的因素，例如煤气流和炉料分布与接触情况、传热速率和热流比 $W_{料}/W_{气}$（水当量比）等；

（4）日常生产中设备和操作管理因素，如冷却器是否漏水、装料设备工作是否正常、称量是否准确、操作是否精心等。

由于燃料消耗既影响高温程度，又影响热量供应，所以生产上常将影响燃料比（或焦比）的因素与高炉热状态的关系联系起来分析。

炉缸热状态是高炉冶炼各种操作制度的综合结果，生产者根据具体的冶炼条件选择与之相适应的焦炭负荷，辅以相应的装料制度、送风制度、造渣制度来维持最佳热状态。日常生产中因某些操作参数变化而影响热状态，影响程度轻时采用喷吹量、风温、风量的增减来微调，必要时则调剂负荷；而严重炉凉时，还要往炉内加空焦（带焦炭自身造渣所需要的熔剂）或净焦（不带熔剂）。一般调节的顺序是：富氧→喷吹量→风温→风量→装料制度→变动负荷→加空焦或净焦。

e　高压操作

采用高压操作能提高冶炼强度，并能改善煤气利用。提高顶压可促进边缘气流发展。炉况不顺时，可降低顶压。改变炉顶压力时，应注意风量与之相适应。正常炉顶压力设计值为 0.22 ~ 0.24MPa，最大 0.25MPa。一般来说，提高炉顶压力 0.01MPa，可提高冶炼强度 2% 左右。

D　高炉炉况的判断与调剂

（1）判断炉况方法。高炉顺行是达到高产、优质、低耗、长寿、高效益的必要条件，为此不是选择好操作制度就能一劳永逸的。在实际生产中，原燃料的物理性能、化学成分经常会发生波动，气候条件不断变化，入炉料的称量可能发生误差，操作失误与设备故障也不可能完全避免，这些都会影响炉内热状态和顺行。炉况判断就是判断这种影响的程度和顺行的趋向，即炉况是向凉还是向热，是否会影响顺行，影响程度如何等。判断炉况的基本手段有两种，一是直接观察，如看入炉原料外貌，看出铁、出渣、风口情况；二是利用高炉数以千、百计的检测点上测得的信息在仪表或计算机上显示的重要数据或曲线，例如风量、风温、风压等鼓风参数，各部位的温度、静压力、料线变化、透气性指数变化，还有风口前理论燃烧温度、炉热指数、炉顶煤气曲线、测温曲线等。在现代高炉上还装备有各种预测、控制模型和专家系统，及时给高炉操作者以炉况预报和操作建议，操作者必须结合多种手段，综合分析，正确判断炉况。

（2）调节炉况的手段与原则。调节炉况的目的是控制其波动，保持合理的热制度与顺行。选择调节手段应根据对炉况影响的大小和经济效果排列，将对炉况影响小、经济效果好的排在前面，对炉况影响大、经济损失较大的排在后面。其顺序是：喷吹燃料→风温（湿度）→风量→装料制度→焦炭负荷→净焦等。调节炉况的原则，一是要尽早知道炉况波动的性质与幅度，以便对症下药；二是要早动少动，力争稳定多因素，调剂一个影响小的因素；三是要了解各种调剂手段集中发挥作用所需的时间，如喷吹煤粉，改变喷吹量需经过 $3 \sim 4h$ 才能集中发挥作用（这是因为刚开始增加煤量时，有一个降低理论燃烧温度的过程，只有到因增加煤气量，逐步增加单位生铁的煤气而蓄积热量后才有提高炉温的作用），调节风温（湿度）、风量要快一些，一般为 $1.5 \sim 2h$，改变装料制度至少需要装完炉内整个固体料段的时间，而减轻焦炭负荷与加净焦对料柱透气性的影响，随焦炭加入量的增加而增加，但对热制度的反映则属一个冶炼周期；四是当炉况波动大而发现晚时，要正确采取多种手段同时进行调节，以迅速控制波动的发展。在采用多种手段时，应注意不要激化煤气量与透气性这一对矛盾，例如严重炉凉时，除增加喷煤、提高风温外，还要减风、减负荷。这时不能单靠增加喷煤、提高风温等增加炉缸煤气体积的方法来提高炉温，还必须减少渣铁熔化量和单位时间煤气体积及减负荷改善透气性，起到提高炉温的同时又不激化煤气量与透气性的矛盾，以保持高炉顺行。

（3）正常炉况的特征：

1）风口明亮，风口前焦炭活跃，圆周工作均匀，无生降，不挂渣，风口烧坏少。

2）炉渣热量充沛，渣温合适，流动性良好，渣中不带铁，上、下渣温度相近，渣中 FeO 含量低于 0.5%，渣口破损少。

3）铁水温度合适，前后变化不大，流动性良好，化学成分相对稳定。

4）风压、风量和透气性指数平稳，无锯齿状。

5）高炉炉顶煤气压力曲线平稳，没有较大的上下尖峰。

6）炉顶温度曲线呈规则的波浪形，炉顶煤气温度一般为 $150 \sim 350℃$，炉顶煤气四点温度相差不大（小于 $30 \sim 50℃$）。

7）炉喉、炉身温度各点接近，并稳定在一定的范围内波动。

8）炉料下降均匀、顺畅，没有停滞和崩落的现象，探尺记录倾角比较固定，不偏料。

9）炉喉煤气 CO_2 曲线呈对称的双峰型，尖峰位置在第二点或第三点，边缘 CO_2 与中心相近或高一些；混合煤气中 CO_2/CO 的比值稳定，煤气利用良好，曲线无拐点。

10）炉腹、炉腰和炉身各处温度稳定，炉喉十字测温温度规律性强，稳定性好。冷却水温差符合规定要求。

（4）失常炉况处理：

1）边缘过重中心发展：改变装料制度，增加疏松边缘的装料比例；可暂时减少入炉风量；上部调节效果不大时，可以扩大风口。

2）边缘过分发展，中心加重：改变装料制度，增加加重边缘的装料比例；若风口面积偏大，可缩小风口直径或加长风口长度。

3）管道行程：适当减少风量，炉热引起的管道可以降低风温；原燃料质量变差可采取降低压差操作；正常料线下装净焦铺平料面，然后补回矿石；临时采取定点布料，堵塞管道；以上方法仍不见效时应采取坐料处理，破坏管道行程，但要防止风口灌渣；经常出现管道，要分析具体原因并采取相应措施。

4）连续崩料：立即减风到能够制止崩料的程度，使风压、风量达到平稳；加入适当数量的净焦；临时缩小矿批，减轻焦炭负荷，适当发展边缘；出铁后彻底放风坐料，回风压力应低于放风压力；只有炉况转为顺行、炉温回升时才能逐步恢复风量。

5）悬料：发现料不下，应立即减风（风压减 0.02 ~ 0.03MPa），若炉温充足可减风温 50 ~ 100℃，以求料崩下；料仍不下，应立即改为常压，停喷吹，停止 TRT，停氧，压差比正常值低 0.02MPa 以上，以求料崩下；如果料还不下，应坐料；料坐下并确认坐料彻底后再回风，先按常压操作，维持压差比正常值低 0.01 ~ 0.02MPa。恢复速度依炉况而定，切不可过于急躁而导致反复悬料。坐料后料线较深应加净焦，适当调轻焦炭负荷；炉凉悬料，禁止减风温，并加足够的净焦；悬料消除后的恢复，首先考虑的是风量，并力求不再悬料，其次才是负荷，但应注意防止炉凉。

6）炉热：初期减少喷吹量，加快下料速度；适当降低风温；出现难行时，应减少富氧或风量，控制压差；若炉热因素是长期性的应增加焦炭负荷。

7）炉凉：初期向凉，如风温有余，应提高风温加大喷煤的富氧，必要时减少风量，控制下料速度；如炉凉因素是长期的，则应适当减轻焦炭负荷，如炉子凉，应集中加入净焦；炉子急剧向凉但透气性尚好时，可把风温加到较高水平，风量应减少到风口不灌渣的程度；必要时可增加出铁次数，放净凉渣铁，进行喷吹铁口；在炉凉引起炉况恶化时，应适当降低风压和压差，防止崩料和悬料，应迅速将风温提高到最高水平。崩料时应加足够的净焦并较多地调轻负荷；大凉时，风口涌渣，可改常压操作并降低风压，以不悬料为前提，并迅速采取集中加焦的方法，制止炉凉加剧。

E　高炉休风与复风操作

（1）短期休风程序：

1）休风前通知调度、热风炉、槽下、喷煤、鼓风机站、TRT、瓦斯、煤调、软水泵等做好准备。

2）停止高炉富氧、喷吹燃料，停止 TRT 运行。

3）炉顶、除尘器通蒸汽或氮气。

4）铁口大喷时，由高压转常压，同时相应减风，使压差低于正常水平。

5）边减风边检查风口工作情况，确认炉内渣铁出净后堵铁口，确认无灌渣危险后，打开放风阀，放风到零，通知热风炉休风，并向各岗位发出休风信号。

6）打开风口视孔小盖（禁止打开大盖）。

7）逐步打开倒流休风阀倒流，直至全开倒流休风阀。

（2）复风程序：

1）有倒流休风时，复风前停止倒流，关闭所有风口的视孔小盖。

2）发出复风信号，开送风热风炉的冷风阀、热风阀，逐步关闭放风阀。

3）慢风检查风口吹管等是否严密可靠，确认不漏风时才允许加风。

4）风压加至 0.1～0.2MPa 时，通知瓦斯引气，先关其中两个炉顶放散阀，打开煤气切断阀，再关第三个放散阀。

5）关炉顶、除尘器蒸汽和氮气。

6）根据炉况恢复情况，逐步恢复高压操作及喷煤和富氧鼓风。

4.3.2.3 高炉安全作业

（1）出铁前应检查铁罐是否对正及是否烘干，防止打炮。

（2）进入煤气区域或上炉顶作业时，必须有两人同行，设专人监护，上下楼梯需手扶栏杆，炉顶点火时应避开点火孔两侧。

（3）风口周围应保持严密，防止煤气泄漏，如有煤气泄漏应设法堵住或将煤气点燃。

（4）禁止长期采用过分发展边缘的装料制度，谨慎长期使用萤石洗炉，严格按规定控制炉体各部位水温差，防止各类烧穿事故发生。

（5）在炉台取样时，应掌握时机，渣铁喷溅时不得取样，防止灼伤事故的发生，取样勺必须经预热，以防打炮伤人。

（6）在值班室外操作时，应先考虑到其所处位置的安全性。

4.3.3 案例

4.3.3.1 案例一：高炉低料线操作规范

为促进高炉稳定顺行，针对低料线操作（低料线的危害见《手册》）作如下规定：

（1）高炉低料线处理标准：

1）料线 3m 以内，必须先控氧；如设备故障，不能保证上料，且预测短时间内难以恢复上料，应该果断减风 40%～60%，联系出铁，然后休风。

2）超过 1h 以上，不能正常上料必须休风，如料线过深，应休风堵 3～4 个风口复风。

3）低料线负荷调剂，料线在 3m 以内，在 30min 内可以恢复，且炉温正常的情况下，可用煤量调节，不需要加净焦；大于 30min 恢复，视料线深浅补足够附加焦，正常情况低料线补焦标准（仅供参考）见表 4-5。

表 4-5 正常情况低料线补焦标准

低料线时间/h	低料线深度/m	加焦量（底焦）/%
0.5	约 3.0	视[Si]及 WT 情况
1	约 4.0	5～10
	约 6.0	12～15（酌情补附加焦）
>1	>6.0	15～20（酌情补附加焦）

注：低炉温取上限，高炉温取下限，炉况好取下限，炉况差取上限。

4）低料线相应调整布料角度。

5）坚决杜绝"三大危害"，即连续低炉温、长时间低料线、连续崩料。

（2）低料线的处理操作：

1）由于原料供应不足或装料系统设备故障在短时间内不能恢复，应果断停氧、减风 50%~60%，并相应调整煤量，故障时间估计超过 1h 应减风至不灌渣为止。

2）炉顶温度超过 250℃时，要启动炉顶打水系统，将炉顶温度控制在 300℃以下，当不大于 200℃时，要关闭炉顶打水系统，打水要间断进行。

3）掌握设备故障的处理时间，如 2h 以上不能上料或料线过深时应该抓紧配罐，提前出铁，请示主管领导后休风。

4）炉况不顺造成的低料线，应首先适当减风并补足焦炭，保证物理热充足，待炉况稳定、料线正常、探尺走势正常后再逐渐恢复风量。

5）低料线期间赶料线时，应保持风速在 200m/s 以上。

6）当炉况正常、基础炉温下，［Si］含量为 0.4%~0.5%、铁水物理热不小于 1500℃时，①料线不大于 10m 时，停氧，减风至 3500m^3/min，补加两批附加焦，恢复上料后，逐渐加风至 4600m^3/min，扩矿批至 62t，保持焦批不变，在布料矩阵正常布焦时间的基础上延长 5~10s；料线赶至 4~5m，开始富氧 3000m^3/h，逐渐加风至 5000m^3/min，富氧量小加风，待富氧量增加相应减风量，维持实际风速不小于 270m/s，适当控制煤批 $T_{理}$ 保持在 2050~2150℃，在料线赶至正常的过程中，扩矿批至正常水平，逐渐加氧至 10000m^3/h，保持焦批不变，在布料矩阵正常布焦时间的基础上延长 3~5s；②料线 5~7m，加净焦 1 批或 10t，停氧不必减风；③料线不大于 5m，适当控制氧量至 10000m^3/h，不必缩矿批，布料时间保持不变。

7）赶料线时及时增加风量，防止赶死料柱，但杜绝吹管道。原则上在风量不大于 4000m^3/min 时，每次加 300~500m^3/min；风量在 4000~4800m^3/min 时，每次加 200~300m^3/min；风量不小于 4800m^3/min 时，每次加 30~50m^3/min。

8）料线接近正常水平后风压可能会略有升高，此时应该控制压差低于 165kPa，以保持炉况稳定顺行。

9）低料线料到达软熔带，要提高警惕，高炉应适当控制热风压力，压差上限时禁止再加风加氧。

（3）要求：

1）在处理低料线过程中，要以炉况顺行为基础，炉况失常必须及时请示炉长。

2）低料线过程要核算总燃料比，必须不得小于正常生产时的燃料比，并密切关注布料档位的执行情况。

3）加风节奏要把握好，原则上风量、风压相适应，稳定后再加风，顶压比正常风量对应的顶压低 10~20kPa。

4）若出现［Si］<0.3%或炉况失常允许采取大力提炉温的手段。

××高炉
××年×月×日

4.3.3.2　案例二：风压的调节规范

在正常生产中，高炉的风量和风压应该保持对称并做到稳定，波动范围不大于 5kPa。

波动范围超过 10kPa 时，表明风量和料柱的透气性不平衡，炉况顺行变差。如果调整不及时，风压逐渐升高，风量逐渐减少，当风压升高超过一定限度时就会发生悬料。

（1）风压爬坡的操作。

1）渣铁未出尽。

处理：

①计算理论出铁量与实际出铁量相比较，判断是否亏铁及铁量少。

②及时打开另外一铁口。

③控制富氧量，首次减氧至 12000m³/h，若压差继续上行，减氧至 10000m³/h 或更多直至压差稳定，在 [Si] 含量为 0.4%~0.5% 的情况下，减煤 1~2t/h 来控制正常燃料比。

④铁水物理热大于 1510℃时，可减风温 10~20℃。

2）碱度偏高。炉渣碱度取决于实际拉丝速度、细度、表面光滑度、[S] 与 [Si] 的匹配情况等，需注重铁水流动性，[S] 控制在 0.020%~0.030%，杜绝长期低炉温或低硫操作。

处理：

①减氧至 10000m³/h，减煤 1~2t/h 来控制正常燃料比。

②加风至正常风量，保持理论风速在 230~240m/s。

③十字测温小于 450℃，减顶压 3~5kPa，保持合理的回旋区深度。

④核算炉渣碱度，变料烧结配比不大于 0.2/10，每班调碱度不大于 2 次。

3）炉温高。

处理：

①减煤 1~2t/h。

②富氧量在压差允许情况下可适当增加以降低炉温，料速快于正常料速时应及时恢复煤量。

③稳定心态，缓慢降炉温，注意热惯性。

4）理论燃烧温度。

实践证明：$T_{理}$ 维持在 2250~2280℃时喷煤效果明显，置换比高。

处理：

①$T_{理} \geqslant 2300℃$，减氧控制合理理论燃烧温度。

②$T_{理} < 2050℃$，减煤量临时加风温，加足够底焦。

5）无主导气流。

处理：

①适当减顶压。

②调整布料矩阵以发展中心主导气流为主。

6）原燃料条件变差。

处理：

①适当控制富氧量并适当降低顶压以降低冶炼强度，但保持实际风速基本不变。

②加焦减负荷、减煤控制，改善料柱透气性。

③加强炉外渣铁出尽。

（2）风压突然"冒尖"时（图 4-2）的操作。

1）风压突然"冒尖"的原因：

①煤气流分布紊乱，上升的煤气流突然受阻后导致风压急剧升高。

②原燃料粉末多时，料柱透气性差，在风压偏高的情况下操作时容易发生小滑料，滑料后料柱透气性更差，风量急剧减少，风压突然升高。

③有"管道"时突然堵塞。

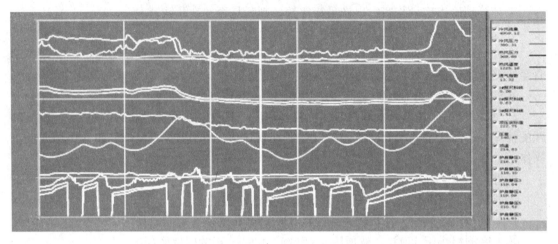

图 4-2　高炉风压突然"冒尖"（右侧）

2）操作方法：

发现风压突然升高必须及时减氧减风，达到使风量和风压对称的水平。

①减风时必须一步到位，减到比原来的风压低。

②减风后必须待风压平稳、正常下料两批以上才可以逐渐加风。

③加风时，风压平稳 15~20min 后再进行加风，而且每次加风量不大于 $100m^3/h$，随着风量的加大加风量幅度减小、间距延长。如果加风过急风量风压不对称，表明高炉不接受。

××高炉

××年×月×日

4.3.3.3　案例三：某高炉计划检修的休风、复风方案

某 $2500m^3$ 高炉定于××年×月×日 7：30 开始休风 10h 计划检修，为保证休风、复风过程顺利进行，特制定如下休风、复风方案：

（1）休风部分。

1）炉内操作：

①休风前确保炉况稳定顺行。

②及时调整负荷、矿石配比，确保休风前两三炉［Si］含量为 0.4%~0.5%，物理热不小于 1500℃，实际碱度控制在 1.10~1.15。

③休风前 4.5h 加 1 批附加焦。

2）休风前准备工作：

①休风前准备好堵风口的泥巴到风口平台上（当日晚班准备，用有水炮泥）。

②为确保准点休风，原则上开两个铁口出净渣、铁，以确保7:30及时休风。

③看水工休风前放干净重力除尘器瓦斯灰，休风后接通大气。

④休风前督促看水工检查所有冷却系统设备情况，有问题的要及时控制并做好记录待休风后处理。

⑤休风前对各送风装置认真全面检查，如有漏风、发红等异常情况必须做好详细记录。

⑥热风炉休风前一定要通知喷煤车间。

⑦休风前炉顶上料罐存放1批焦炭，下料罐存2批焦炭，槽下各称量斗须空出来。

⑧高炉本体36m平台氮、风系统、风机、各阀开关由工长负责操作。

⑨晚班工长休风前控制料线正常，顶温适当控制在200~250℃，利于8:00前能够顺利点火，点火后安排炉前人员堵好全部风口，风口应堵至看不见光。

⑩严格按休风程序作业，休风时要缓慢进行，防止风口灌渣。

⑪休风后更换8号、29号中套，调整2号、10号、17号、25号为$\phi = 120m$，炉缸二缸炉壳现场确认开孔灌浆。

（2）复风部分。

1）复风前准备工作：

①复风前10号、25号风口用有水炮泥堵至风口小套1/2处，必须堵严堵实严防自动吹开，其余风口全部捅干净见红焦，具备喷煤条件。

②各系统检修完毕，联动试车正常后，具备复风条件才能复风。

2）复风操作：

①复风时将矿批缩至56t/批，视炉况逐步扩矿批，期间合理调节料流阀开度。

②合理调整负荷及炉料结构，［Si］按0.4%，R_2按1.15平衡，物理热不小于1500℃。

③严格按照《2500m³高炉休、复风程序》操作。

（3）其他：

1）复风引气时，上料主皮带通廊及附近不得有人巡逻、检查。

2）检修期间安全方面严格执行公司、厂有关检修安全制度。

××炼铁厂

××年×月×日

4.3.3.4 案例四：某高炉悬料事故分析报告

（1）事故经过。6月7日晚班接班时炉况顺行，压差147kPa左右，正在出2号铁口，铁水温度1493℃，炉温0.37%，R_2约1.15~1.17，19:30堵口后启用1号铁口（停3号），第一炉铁深度在2400mm，平均流速5.8t/min。第二炉平均流速6.18t/min，无卡焦现象，2号铁口出铁时间为132min，流速在6.10t/min，堵口时跑泥（1:40）。出2号铁口时炉温0.51%，R_2约1.18~1.20，0:00加强，调配比8.3到8.1，2:03打开1号铁口出铁。1:00左右流量为5t/min，2:18左右卡焦，由当班工长组织炉前及时用开口机捅铁口，但是捅开后反复卡焦。2:36压差由155kPa上升到170kPa，富氧由13000m³/min降到11000m³/min，顶压降至200kPa。2:00布焦时间由92s调至96s，同时组织人员准备开2号铁口，受跑泥影响，2号铁口正修补泥套，未能及时开口。3:16发现北渣201皮带自停，被迫堵 1 号铁口，同时组织开 2 号铁口，期间做干渣沙坝。3∶42 2 号铁口打开后卡焦严重，又组织炉前尽快打开 1 号铁口，但 15 道罐已有 115t 铁水，通知调度把 15 道罐开出来换空罐后开 1 号铁口。3∶22 压差上升至 184kPa，热压 390kPa，风量由 4950 调到 4400m³/min，顶压 175kPa，风温撤至 1170℃，煤量 35t，富氧 9100m³/min，布焦时间由 96s 到 100s。4∶00 压差由 166kPa 到 205kPa，引起悬料，风量由 4400m³/min 到 3800m³/min。5∶20 打开 1 号铁口，流量偏小，2 号铁口仍卡焦严重。6∶12 坐料时发现 3、9、12 有灌渣危险，坐料未能坐下。6∶57 坐料时发现 9、12、14、15 风口有渣子涌过来，再次回风（1500m³/min）。7∶56 坐料时热压由 223kPa 到 50kPa，料自塌，同时发现 14、15、16、17 风口灌渣，料线由 1.6m 到 12m，加净焦 2 批，矿石由 68t 到 56t，布焦时间由 102s 到 115s。8∶29 休风更换风口和吹管。某高炉悬料事故情况如图 4-3 所示。

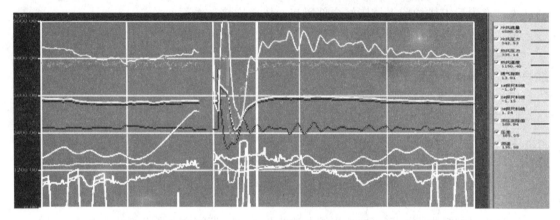

图 4-3　某高炉悬料及处理

（2）事故原因：

1）炉内渣铁未能及时排出是导致悬料的主要原因，从 2 号铁口堵口（1∶40）到 1 号铁口堵口（3∶18），实际出铁量与理论出铁量相差 314t，滞留炉内造成炉内憋压。

2）生产组织不到位，在 1 号铁口反复卡焦、未能及时采取得力措施时打开 2 号铁口出铁。

3）设备影响，在 1 号铁口捅开后渣铁量正常时，渣处理 201 皮带自停，被迫堵口，造成炉内压差进一步上升。

4）炉内操作方面，在出铁不正常情况下，富氧量控制不到位，其次在风量萎缩、回旋区变短、中心气流较弱时，应及时降低顶压，相应多延长布焦时间保证中心加焦。

5）原燃料方面，4.3m 厂焦 M_{10}（7.00~7.20）热强度较差，影响下部透气透液性。

6）中期炉温碱度偏高，渣铁流动性相对较差。

（3）六查情况：

1）查相关文件及管理制度。有《高炉工长岗位作业指导书》《高炉渣处理岗位作业指导书》和《高炉工长岗位作业指导书》。

2）查相关应急预案。有《高炉事故操作预案》。

3）查培训情况：有。

4）查相关点检和操作记录。有点检记录和操作记录。

5）查相关类似事故分析报告记录：无。

6）查现场：7：56 坐料时热压由 223kPa 到 50kPa，料自塌，发现料线由 1.6m 塌至 12.14m。

（4）事故性质：本次事故属一般生产事故。

（5）经验教训：

1）炉内外积极配合及时出尽渣铁，时刻关注出铁过程，掌握出铁情况，在出铁流速小（小于渣铁生成量时）并条件具备情况下，及时打开另外一个铁口出铁，如果遇到卡焦严重时，重新堵口，改用大钻头开口。

2）在出现不正常情况下，炉内控制好压差，及时减少富氧量，控制好料速，同时采取降低顶压、延长布焦时间等措施，保证中心气流。

3）在单边出铁时，各岗位及时做好出铁准备，维护好铁口，避免跑泥现象，根据铁口深度控制好打泥量。

4）发现悬料后，及时采取措施，争取自塌，如已悬死，争取早坐料，避免事故扩大。

5）在实际生产中不断学习总结，提高自身组织生产能力和操作水平。

××高炉

××年×月×日

4.3.3.5　案例五：某高炉因恶性管道行程引起的炉缸冻结事故

某钢厂高炉有效容积 2000m³，22 个风口，于××年×月×日发生炉缸冻结事故。

（1）事故经过。由于炉料质量下降，料柱透气性恶化，出现 180 ~ 190kPa 的高压差，随后产生了恶性管道行程。经大量减风后，又频繁塌料不止，风口前不断生降、涌渣。此次恶性管道是在出铁前 20min 发生的，上渣很快由褐色变成黑色，黏稠不流，最后将渣口凝死。当次铁水硅低硫高，约有 180t 渣没有放出。下一次铁尽管在渣口和铁口做了很多工作，但炉渣却一点也未放出来，被迫保持很小风量冶炼。炉缸积存的渣铁越来越多，渣面升高，逐渐超出风口平面，进风量越憋越少，最后全部风口均被炉渣灌死，风量仪表指示为零。在此情况下高炉被迫休风。

休风期间，对灌渣的风口和风管做了处理，并用风口放渣，其中 3 号和 7 号风口前黏稠的黑渣忽凝忽熔，在 20 个小时的休风期间流出 30t 炉渣。复风后，全部风口仍鼓不进风，说明风口区的上下左右均被炉渣与焦炭的混合物凝死。计算表明风口上部存渣量约 70t，至此炉缸冻结已成事实。

（2）事故原因及特点。由于恶性管道和连续塌料，大量生料进入炉缸，在炉缸内被加热还原，吸收大量的热量，炉缸很快凉下来，这次恶性管道发生在出铁前，炉缸积存的渣量多，危害很大。大量炉渣在炉缸冷凝，以致造成炉缸冻结。

这次冻结的特点是铁水由铁口尚可放出，而炉渣却放不出来。这说明炉缸尚未凝死，炉渣与焦炭形成可塑性凝固层，铁水可沿着可塑性凝固层的缝隙渗透而到达铁口。在休风期间炉缸四周可塑性凝固层完全凝固。处理中发现，风口区前端凝固层厚度大约 500 ~ 1000mm。凝固层位置从铁口延伸到风口区以上 1m 左右的高度。位置是较高的，不仅炉渣通道堵塞，而且初始气流通道也被堵塞。

（3）事故处理：

1）建立起一个小的活区。所谓小的活区，就是用一个风口送风，冶炼产物由一个临时渣铁口排出，使燃烧、熔化、出渣铁的过程连续稳定地进行。这次选择了离铁口较近的东渣口作临时渣铁口，其上的5号风口作工作风口，以充分利用该区休风期间放出了30t渣的有利条件。

烧通风口：卸下风口二、三套后，用氧气烧熔风口前的凝结物，使其自风口排出。这项工作要做好，风口前方至少要烧通1m，上方的凝固物要尽可能烧出一个可能大些的孔洞，达到风口前落满干净的红焦块，上方有足够的透气性，使烧结物产生的烟气能从炉内抽走。

烧通临时渣铁口：将东渣口三、四套卸下后，用氧气烧熔凝结物，边烧边将熔化物排出，渣口前方要烧出足够大的空间，而后由渣口向5号风口上方烧，直至从5号风口冒出燃烧产生的红烟，形成从风口到渣口能够通流煤气和液体产物的红焦层，最后安装一个外形同渣口三套、内径相当渣口眼的炭砖套，并用水冷顶棍固定。用炭砖套，放渣放铁都安全可靠，堵渣机或堵耙均可堵口。炭砖套工作了两天，放渣300t，铁40t，仍完好无损。进行烧通5号风口和东渣口的工作，高炉休风了12h。

复风后5号风口火焰明亮，曾短时间涌渣，打开东渣口后涌渣便消失了。此后风口和临时渣铁口工作逐渐正常，这样就在炉缸的局部（约1/22）恢复了高炉冶炼过程。实践证明，一个风口工作允许压差稍微高些，风量稍微大些，并且炉料可以自动下落。

2）扩开风口和送风制度。5号风口工作16h，由风口涌渣、升降，火焰暗红转到明亮。东渣口排放的渣也相应由黑色黏稠转到黑色易流。此时，已具备扩开风口的条件。出铁后专门休风，扩开了4号和6号风口。新开的风口也大部分经历了上述变化过程，只是随着风量增加和炉温升高，变化过程缩短，直到转入正常。

扩开风口的过程中，始终遵循三个原则：

①开风口只能依次开工作风口相邻两侧的，不可跳越，每次开风口数一般不超过两个；

②新开的风口工作正常后，方可继续开其他风口；

③新开风口区熔化的渣铁，应能够全部从临时渣铁口或铁口排出。

扩开风口的方法与第一个风口方法相同，只是不必卸下风口，用氧气烧的空间也可小些，越往后这种处理就越容易些。为了减少扩开风口的休风时间，每次休风同时处理四个风口（甚至还多些），但复风时只开与工作风口相邻的两个，其他的可暂用泥堵死，待先开的风口工作正常后，再有计划地捅开，不必休风。

随着工作风口增多，适当增加风量，加快熔化过程，掌握风量的大小主要依据压差值，初期可高些，以后要维持正常压差的下限。在风口面积和风量不断变化的情况下，也要注意保持合理的风速。因此，当工作风口不断增加，为了不影响扩开风口的进程，应将已熔化的少数风口重新堵死。

案例五中高炉炉缸冻结时开风口进度和送风制度的变化，他们的处理方法是成功的，没有反复，没有发生灌渣烧穿事故，而且速度较快。

3）出渣和出铁。小的活区建立并工作稳定后，首要的任务是尽快向铁口方向烧通，因此要优先扩开铁口方向的风口。

5号风口单独工作时，曾试开铁口，但不成功，只有煤气火焰喷射无渣铁流出，一个风口工作末期，铁口才能放出少量铁水，渣依然流不出。3号、4号风口投入工作4h后，铁口工作才有改观，铁量增多并流出了下渣。铁口上方的风口开启，渣、铁能够从铁口排出，这是一个重要的突破，不仅减轻了临时渣铁口的工作负担，而且临时渣铁口可改为渣口，解除了对安全的威胁。

渣口工作要配合扩开风口的进度，基本上是渣口上方的风口开启后，渣口便立即工作，为了安全起见，要先卸下渣口的铜套，安装炭砖套渣口，上渣不带铁后再换用铜套渣口。在扩开风口中，要做好铁口和渣口的工作，保证及时出渣出铁，加速炉缸凝结物的熔化过程。

4）减轻焦炭负荷和提高炉缸温度。处理炉缸冻结要果断地减轻焦炭负荷，其幅度大大超过处理一般炉凉。其最好方法是集中加焦炭，以争取时间。焦炭负荷从原来的 3.5，最低时减轻到 1.5，入炉焦比从原来的 480kg/t 增加到 1300kg/t。在轻料下达之前即使建立了一个小的活区，渣、铁温度仍不够高，此阶段不可能使冻结的炉缸有大的改观，只能开较少的风口维持缓慢的冶炼过程。当轻料下达后，炉缸温度很快上升，渣、铁温度适度，流动良好，形成了熔化冻结炉缸的有利条件，使得开风口、加风量、熔化冻结物的循环过程加快。第一天只开了 5 个风口第二天便开了 10 个风口，显然，轻料下达、炉缸温度上升后熔化过程大大加快。

风口接近开完，炉缸中凝结物大部分熔化后，由于热消耗减少，炉温会很快上升，此时就要较快地恢复焦炭负荷，防止渣铁过热引起炉缸中石墨碳堆积。这次处理前后用了五天时间，焦炭负荷恢复，接近正常水平。

（4）经验教训。先在临时渣铁口上方开一个风口，建立一个小活区，然后依次逐渐扩开风口是处理炉缸冻结的有效方法，只要谨慎处理，不会出现反复和其他事故。用渣口做临时渣铁口，安装炭砖套是满足生产和安全的要求。如在出铁前出现恶性管道行程，要立即出铁，这样或许能避免冻结事故，至少可减轻事故严重程度。

（5）预防措施。做好精料工作，减少入炉粉末，提高原、燃料质量，采用与原、燃料条件相适应的操作制度，严防恶性管道发生。处理恶性管道减风幅度要大，并严防连续崩料。如出铁前发生恶性管道，除要集中补焦外，还要想方设法增加一切热收入，减少热支出。

××高炉

××年×月×日

4.3.3.6 案例六：某高炉的一次恶性管道事故

某高炉有效容积 2000m³。××年底和××年初发生三次恶性管道事故。

（1）事故经过。高炉换上 5500m³/min 轴流风机后，××年冶炼进一步强化，综合冶炼强度达到 0.95t/(m³·d)，利用系数 1.8t/(m³·d)。但烧结矿供应不足，天天吃槽底料，同时焦炭强度下降，引起高炉行程不稳，但为了追求产量，风量仍保持在 4300m³/min，结果出铁末期发生恶性管道事故。当时的特征是：风压曲线出现大的上下尖峰；炉顶压力曲线出现尖峰，由 70kPa 上升到 140kPa；炉顶温度由 450℃ 猛升到 1100℃，上升管被烧红；料尺突然下陷，由 1.5m 降到 3.5m 以下，减风后，连装 10 批料赶上正常料线；风口前出现大量生降，温度不足，涌渣。

事故发生后立即采取常压减风操作，出铁时渣铁大凉，渣黑难流，铁中硅低硫高，接连出高硫号外铁 1000t，直到焦炭下达炉温才回升。

高炉于 18 时开始悬料 4.5h，风量曾降到零，在此期间有 6 个风口灌渣。净焦下达后其他风口逐渐开始明亮，第二天炉热后，休风更换了风管，高炉很快恢复正常，处理此次事故用了 24h，损失生铁 2000t、焦炭 400t。

（2）事故原因：

1）原料质量变差。烧结矿供应紧张，大量用槽底存矿，其含粉量成倍增加。同时由于焦煤紧张，主焦煤配比减少，焦炭强度下降，因而高炉料柱透气性恶化。

2）大风量、高压差操作。原料条件恶化后还追求质量，仍维持大风量生产，料柱透气性与鼓风量不相适应，致使煤气流失常，气流受阻，压头损失增大。这次管道发生前，风压一直很高，达到 250～260kPa，压差 180～190kPa，比炉况正常时高 20～30kPa。终于在某一疏松的局部吹穿，形成恶性管道。

（3）事故处理。恶性管道发生后，顺行遭到严重破坏，往往连续崩料不止，大量生料落入高温区，使风口前温度下降，涌渣，从而引起炉凉。在这种情况下为了消除管道和崩料，集中加焦以尽快提高炉缸热量，出好渣铁尽快恢复正常，采取了如下措施：

1）大幅度减少鼓风量。判明事故性质后立即转常压操作，将风量减到不致灌渣的程度。待顶压和顶温下降、管道消除后，缓慢恢复风量，控制压差低于正常值的 20%，维持正常下料。1.5h 后，恢复顶压为 60kPa 的高压操作。但由于炉缸温度不足，2h 后又发生悬料，悬料期间风量一度为零，6 个风口灌渣。

2）最初根据风口温度严重不足的情况集中加入净焦 40 车，以后又陆续加 55 车（前后共加净焦 333t）。净焦下达后炉温回升，风口明亮，炉况也恢复正常。

3）恶性管道后炉凉，放渣放铁十分困难，渣铁流很小，渣铁沟中结壳甚至凝死。所以铁口要开大，尽一切努力加强炉前工作维护渣口放渣。此次事故除第一次上渣未放外，以后均在极困难的条件下，按时排渣铁，为高炉恢复正常工作创造了条件。

4）避免休风，这对防止炉况恶化和争取净焦及早下达是很关键的。为此要看好炉前风管和风口，确保风口不烧穿，避免休风。

炉况恢复中曾发生悬料，第一次悬料时间较长，共坐料两次，以后下料基本正常。净焦下达后，便首先恢复风量，由于焦炭负荷减轻，加风较易。第二天休风处理灌渣风口以后，风量便很快地恢复到 4000m³/min 并转入高压操作。其他工作也相继转入正常。

（4）经验教训。此次管道发展快，由于判断准确，采取措施得当，处理是成功的。总结认为有如下经验可供参考：

1）对恶性管道，大幅度减少风量是有效的措施。减风后煤气流可以稳定下来，同时冶炼进程减慢，有利于维护炉缸工作。

2）集中加焦是处理恶性管道、防止冻结的根本措施，它起到疏松料柱和迅速使炉缸转热的重要作用。

3）在炉缸温度不足时，恢复中过多加风或过早高压是危险的，这次造成长时间悬料和风口灌渣，是一个教训。如若引起频繁崩料，后果可能更严重。

4）过凉的渣铁能否排出是处理事故成败的关键，加强炉前工作可以争取主动，为尽快恢复正常生产争取时间。

（5）预防措施。加强精料工作、稳定原燃料质量是大型高炉强化冶炼的先决条件，也是防止恶性管道的根本措施。在高炉强化中，要搞好原料平衡工作，保证原料供应，严格控制质量。每当原燃料条件变差、高炉顺行受到威胁时，应根据炉况征兆，及时果断地采取措施，消除不顺。例如适当降低鼓风量、减少喷吹量和疏通边缘等。

在一定的条件下，每座高炉都有一个正常压差相应的临界值，大于该值炉况往往失常。大风量和高压差操作，极易产生恶性管道。因此高炉操作中，必须控制压差在一个合适的范围内。

××高炉

××年×月×日

思 考 题

(1) 影响高炉热制度的因素有哪些?

(2) 如何理解高炉以下部调剂为基础、上下部调剂相结合的调剂原则?

(3) 正常炉况的特征是什么? 调节炉况的目的、手段与原则是什么?

(4) 边缘气流不足有哪些征兆?

(5) 什么情况下可以进行降低风温的操作?

(6) 产生偏料的原因是什么? 高炉长期偏料如何处理?

(7) 如何处理管道行程?

(8) 高炉下部悬料产生的原因是什么?

(9) 完成炼铁工仿真操作。

(10) 根据下列情景描述判断其属于哪一种事故，分析原因并进行处理。

1) 风压偏低，风量和透气性指数相应增大，风压易突然升高而造成悬料。

2) 炉顶和炉喉温度升高，波动范围增大，曲线变宽。

3) 炉顶压力频繁出现高压尖峰，炉身静压升高，料速不均，边缘下料快。

4) 炉喉煤气 CO_2 曲线边缘降低，中心升高，曲线最高点向中心移动，混合煤气 CO_2 降低，炉喉十字测温边缘升高，中心降低。

5) 炉腰、炉身冷却设备水温差升高。

6) 风口明亮，个别风口时有大块生降，严重时风口有涌渣现象或自动灌渣。

7) 渣铁温度不足，上渣热，下渣偏凉。

8) 铁水温度先凉后热，铁水成分高硅高硫。

(11) 根据下列情景描述判断其属于哪一种事故，分析原因并进行处理。

1) 风口向凉。

2) 风压逐渐降低，风量自动升高。

3) 在不增加风量的情况下，下料速度自动加快。

4) 炉渣变黑，渣中 FeO 含量升高，炉渣温度降低。

5) 容易接受提温措施。

6) 顶温、炉喉温度降低。

7) 压差降低，透气性指数提高，下部静压力降低。

8) 生铁含硅降低，含硫升高，铁水温度不足。

(12) 根据下列情景描述判断其属于哪一种事故，分析原因并进行处理。

1) 风压、风量剧烈波动，崩料前一般风压迅速下降，风量显著增加，崩料后反向运动。

2) 料尺曲线极不规则，不断出现停滞、滑落现象等。

3) 炉顶温度剧烈波动。

4) 炉缸温度剧烈下降，下部崩料表现更快，风口工作不均匀，部分风口有大量生降，风口挂渣和涌渣。

(13) 根据下列情景描述判断其属于哪一种事故，分析原因并进行处理。

1) 悬料初期风压缓慢上升，风量逐渐减少，探尺活动缓慢。

2) 发生悬料时炉料停滞不动。

3) 风压急剧升高，风量随之自动减少。

4) 顶压降低，炉顶温度上升且波动范围缩小甚至相重叠。

5) 上部悬料时上部压差过高，下部悬料时下部压差过高。

(14) 矿批重 40 吨/批，批铁量 23 吨/批，综合焦批量 12.121 吨/批，炼钢铁改铸造铁，[Si] 从 0.4% 提高到 1.4%，求 [Si] 变化 1.0% 时，

1) 矿批不变，应加焦多少？

2) 焦批不变，应减矿多少？

(15) 某高炉炉缸直径为 7.5m，渣口中心线至铁口中心线之间距离为 1.5m，矿比重 25t，[Fe] = 93%，矿石品位为 55%，求炉缸安全容铁量为几批料？（炉缸铁水安全系数取 0.6，铁水比重 r 取 7.0t/m^3）

(16) 高炉矿石批重 30t，两次出铁间上料 20 批，矿石品位 55%，生铁中 [Fe] = 93.5%，求下次出铁的理论出铁量。若每个铁罐能够装 100t 铁水，问需几个空铁水罐？

实训项目 5 高炉炉前岗位操作

实训目的与要求：

（1）能正确及熟练使用炉前操作所需设备和工具；

（2）能够完成出渣、出铁操作，会分析、处理一般生产性故障和炉前设备事故；

（3）能够完成更换风口及其他冷却设备操作；

（4）具有开炉、停炉、封炉和复风的炉前操作能力；

（5）会判断炮泥的优劣，知道炉前使用的各种耐火材料的性能及使用方法。

5.1 基 础 知 识

5.1.1 炉前操作的任务

（1）利用开口机、泥炮、堵渣机等专用设备和各种工具，按规定的时间分别打开渣口、铁口，放出渣、铁，并经渣铁沟分别流入渣、铁罐内，渣铁出完后封堵渣口、铁口，以保证高炉生产的连续进行。

（2）完成渣口、铁口和各种炉前专用设备的维护工作。

（3）制作和修补撇渣器、出铁主沟及渣、铁沟。

（4）更换风口、渣口等冷却设备及清理渣铁运输线等一系列与出渣出铁相关的工作。

5.1.2 高炉不能及时出净渣铁产生的影响

（1）影响炉缸料柱的透气性，造成压差升高，下料速度变慢，严重时还会导致崩料、悬料以及风口灌渣事故。

（2）炉缸内积存的渣铁过多，造成渣中带铁，烧坏渣口甚至引起爆炸。

（3）上渣放不好，引起铁口工作失常。

（4）铁口维护不好。铁口长期过浅，不仅高炉不易出好铁，引起跑大流、漫铁道等炉前事故，直至烧坏炉缸冷却壁，危及高炉的安全生产，有的还会导致高炉长期休风检修，损失惨重。

5.1.3 炉前操作指标

5.1.3.1 正点出铁率

正点出铁就是按规定的出铁时间及时打开铁口出铁并在规定的时间内出完。

$$正点出铁率 = \frac{正点出铁次数}{实际出铁次数} \times 100\%$$

正点出铁率是指正点出铁的次数与总出铁次数之比。若出铁晚点会使渣铁出不净，易造成铁口过浅且难以维护，从而影响到高炉的顺行和安全生产。

5.1.3.2　铁口深度合格率

铁口深度合格是指开铁口时实测深度符合规定。

$$铁口深度合格率 = \frac{铁口深度正常次数}{实际出铁次数} \times 100\%$$

铁口合格率是衡量铁口维护好坏的标志，数值越大表示铁口越正常。反之，铁口长期不合格。铁口过深将导致出渣铁时间的延长，过浅则使铁口泥炮破坏严重，易发生出铁事故或炉缸烧穿或出铁"跑大流"、卡焦、喷焦等事故。同时，铁口角度也应固定，这对于保持出铁量稳定，保持一定的炉缸死铁层厚度，保持一定的铁口深度，都有重要作用；随着冶炼时期的变化，可适当增加铁口角度。

正常铁口深度是以铁口区炉墙厚度来确定，高炉有效容积越大，铁口区炉墙越厚，铁口就越深。高炉的正常铁口深度见表 5-1。

表 5-1　高炉的正常铁口深度

炉容/m³	≤350	500～1000	1000～2000	2000～4000	>4000
铁口深度/m	0.7～1.5	1.5～2.0	2.0～2.5	2.5～3.2	3.0～3.5

5.1.3.3　铁量差

铁量差是衡量铁水是否能出尽的标准，也是衡量出铁操作好坏的标志；铁量差数值越小表示出铁越净、出铁越正常。实际出铁量一般小于理论出铁量的 10%～12%，铁量差超过一定的值后即为亏铁。亏铁的危害是使高炉憋风，减少下料批数，上渣带铁，使冷却设备烧坏，甚至造成冷却设备爆炸。同时会使铁口不好维护，易导致恶性事故，因此铁量差越小越好。有的单位要求铁量差不大于 10%～15%。

5.1.3.4　上下渣量比

上下渣量比是指每次出铁的上渣量与下渣量之比，它是指一次铁从渣口放出的上渣量和从铁口放出的下渣量之比，其比值应大于 3:1。

提高上下渣量比，不仅可减轻铁口负担，利于维护铁口，而且有利于稳定风压和料速，从而有利于稳定炉况。

5.1.3.5　高压全风堵口率

高压全风堵口率为高压全风堵口次数占实际出铁次数的百分率。即：

高压全风堵口率 = 高压全风堵口次数/实际出铁次数 × 100%

高压全风堵口有利于提高泥包泥质密度，有利于泥包的形成，增强出铁孔道强度及抗冲击性能。只有保证铁口泥套及炮头的完整，堵口时炮头四周没有积渣积铁，防止铁口过浅和出铁失常，才能保证全风和高压堵口。

5.1.4 炉前操作平台

大型高炉每天出铁 10 次以上，对设计 4 个铁口的超大型高炉，通常按用对角线出铁的原则操作。高炉始终有一个铁口在出铁。铁口打开后，铁水和熔渣从铁口流入主沟，通过撇渣器使渣铁分离，铁水经摆动溜嘴流入铁水罐内，渣则经渣沟流入水渣处理系统。

5.1.4.1 风口平台

在风口下方沿炉缸四周设置的高度距风口中心线 1150 ~ 1250mm 的工作平台，称为风口平台。为便于观察风口和检查冷却设备以及进行更换风口、渣口等冷却设备的操作。

要求风口平台宽敞平坦，留有一定的泄水坡度，设有环形吊车。

5.1.4.2 出铁场

出铁场布置在出铁口方向的下面，一般中小高炉设 1 个出铁场，大高炉设 2 ~ 3 个出铁场。出铁场除安装开铁口机、泥炮等炉前机械设备外，还需布置主沟、铁沟、下渣沟和挡板、沟嘴、撇渣器、炉前吊车、储备辅助料和备件的储料仓及除尘降温设备，如图 5-1 所示。

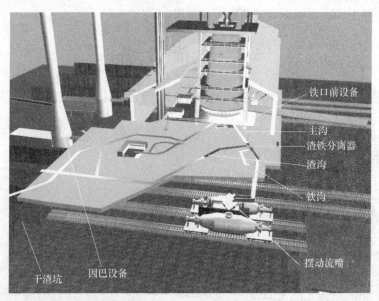

图 5-1 出铁场

出铁场一般比风口平台低。出铁场面积的大小，取决于渣铁沟的位置和炉前操作的需要。出铁场长度与铁沟流嘴数目及布置有关。出铁场的铁沟和渣沟与地面应保持一定的坡度，以利于渣铁水的流淌和排水。其高度则要保证任何一个铁沟流嘴下沿不低于 4.8m，以便机车能够通过。

（1）出铁场的要求：

1）上空设有天棚。

2）设有排烟机和除尘装置。

3）设有各种出铁设备。

4）铺设有铁水主沟。

（2）渣铁沟与撇渣器。

1）主沟。从铁口泥套外至撇渣器的铁水沟，铁水和下渣都经此流至撇渣器，一般坡度为5%~10%。大型高炉一般采用储铁式主沟，沟内经常储存一定深度的铁水，使铁水流射落时不致直接冲击沟底。储铁式主沟的另一个优点是可避免大幅度急冷急热的破坏作用，延长主沟的寿命。垫沟料采用氧化铝—碳化硅—炭系列，制作工艺采用浇注型、预制块型。

2）撇渣器。撇渣器又称砂口，它位于主沟末端，是出铁过程中利用渣铁密度的不同而使之分离的关键设备。大型高炉撇渣器与大沟成为一个整体。

3）铁沟与渣沟。由高炉炉缸排出的渣铁经出铁场的主沟上的渣铁分离器分开，铁水经摆动流嘴装入铁罐车运到炼钢厂炼钢。炉渣则处理变成水渣或干渣。

4）流嘴。流嘴是指铁水从出铁场平台的铁沟进入铁水罐的末端那一段，其构造与铁沟类似，只是悬空部分的位置不易碳捣，常用碳素泥砌筑。小高炉出铁量不多，采用固定式流嘴，大高炉渣沟与铁沟及出铁场长度要增加，多采用摆动流嘴。

摆动流嘴安装在出铁场下面，其作用是把经铁水沟流来的铁水注入出铁场平台下的任意一个铁水罐中。设置摆动流嘴的优点是：缩短铁水沟长度，简化出铁场布置，减轻修补铁沟的作业，减少铁水运输能力，改善劳动强度。

5.2　炉前设备

炉前设备主要有开铁口机、堵铁口泥炮、堵渣机、换风口机、炉前吊车等，如图5-2所示。

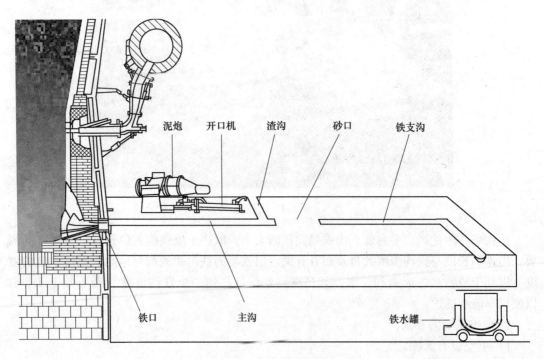

图5-2　炉前设备

5.2.1 开铁口机

开铁口机就是高炉出铁时打开出铁口的设备,开铁口机结构如图5-3所示。开铁口机按动作原理分为钻孔式、冲击式和冲钻式三种。开铁口机必须满足以下要求:开铁口时不得破坏泥套和覆盖在铁口区域炉缸内壁上的泥包;能远距离操作,工作安全可靠;外形尺寸应尽可能小,并当打开出铁口后能很快撤离出铁口;开出的出铁口孔道应为具有一定倾斜角度、满足出铁要求的直线孔道。

(a)

(b)   (c)

图5-3 开铁口机及配件
(a) 开铁口机;(b) 钻杆;(c) 钻头

5.2.2 堵铁口泥炮

堵铁口泥炮是用来堵铁口的设备,如图5-4所示。对泥炮的要求是:泥炮工作缸应具有足够的容量,能供给需要的堵铁口泥量,有效地堵塞出铁口通道和修补炉缸炉墙,使其墙厚度达到所要求的出铁口深度;活塞应有足够的推力,以克服较密实的堵铁口泥的最大运动阻力,并将堵铁口泥分布在炉缸内壁上;工作可靠,能适应炉前高温、粉尘、多烟气的恶劣环境;结构紧凑,高度矮小;维修方便。

现代大型高炉多采用液压矮泥炮。矮泥炮是指泥炮在非堵铁口和堵铁口位置时,均处于风口平台以下，不影响风口平台的完整性。

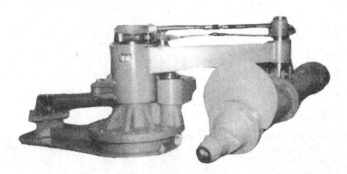

图 5-4　堵铁口泥炮

5.2.3　堵渣口机

堵渣口机是用来堵塞渣口的设备。

堵渣口机是高炉出铁场的主体设备之一，主要用在高炉出铁出渣后，将渣口堵住，以便下一步高炉冶炼的正常进行。渣口数量根据高炉容积不同，每台高炉可有 1~3 个渣口。堵渣口机运动机构多采用四连杆机构，过去多半为电动传动型。近年来，堵渣口机采用液压驱动，而较早生产的折叠式堵渣口机，基本是电动堵渣口机的缩影。堵渣口机适用于中小容积的高炉堵渣口；堵渣口机结构简单，占用空间小，操作简单，使用安全，坚固耐用。

5.2.4　生铁处理设备

高炉生产的铁水，主要用铁水罐车运往炼钢单位炼钢，部分号外生铁还需要进行炉外脱硫处理，使之成为合格生铁。同时还要考虑炼钢设备检修等暂时性生产能力配合不上时，将部分铁水铸成铁块，而生产的铸造生铁一般也要铸成铁块，因此铁水处理设备包括运送铁水的铁水罐车和铸铁机两种。

铁水罐车是高炉车间装运铁水的车辆。对铁水罐车的基本要求是：单位长度上的有效容铁量越大越好，以降低出铁口标高和缩短出铁场的长度，运行平稳，不得自动倾翻；保温性能好，热损失少；有足够的强度，安全可靠；倒铁水后粘罐铁少。

铁水罐车按铁水罐外形分为锥形、梨形和混铁炉式（或称鱼雷式）三种。

5.2.5　渣铁处理设备

高炉炉渣可以作为水泥原料、隔热材料以及其他建筑材料等。高炉炉渣处理方法有炉渣水淬、放干渣及冲渣棉。国内高炉普遍采用水淬渣处理方法，水淬渣按过滤方式的不同可分为底滤法、拉萨法和图拉法等。

5.3　操　作

5.3.1　岗位职责

（1）密切配合炉内操作，按时出尽渣、铁，保证高炉顺行。

（2）维护好泥炮、开铁口机、摆动流嘴、行车等炉前设备。

（3）在工长的组织指挥下，搞好炉前各项生产任务。

（4）保持风口平台、出铁场、铁罐停放线、高炉本体各平台的清洁卫生，并且保持出铁平台、风口平台、干渣盖板、撇渣器安全罩、泥库盖板、渣铁沟过桥等安全设施完好，每炉检查铁口泥套是否完好，新做泥套要烤干，并严防煤气中毒。

（5）精心组织指挥当班每次出铁，防止炉前事故，做到按料批出净渣铁，保质保量完成上级下达的各项任务。

（6）严格执行安全责任制、互保制，提高安全意识，控制危险源，杜绝人身和设备事故的发生。出铁过程如图5-5所示。

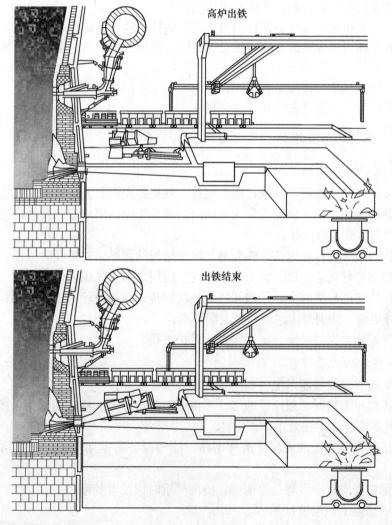

图 5-5　出铁过程

5.3.2　作业程序与要求

5.3.2.1　作业前的准备

（1）按时参加班前会议，认真听取炉长、班长下达的本班工作指令；

（2）认真做好对口交接班，对各岗位交班过程中的各种问题做到心中有数；

（3）准备好本班的各种备品备件及工具；

（4）认真进行交班各岗位的设备检查，并认真听取交班者介绍上班的各种情况。

5.3.2.2　开铁口机的维护检查

使用开铁口机之前，必须认真检查以下各项：

（1）电气设备操作运转是否正常；

（2）各减速机连接螺栓是否松动；

（3）各传动钢绳是否起刺，连接是否牢固；

（4）钻头、钻机是否损坏，钻杆是否弯曲，钻杆法兰连接螺栓是否齐全、是否拧紧；

（5）悬挂开铁口机大梁的支座转轴是否磨损，吊挂开铁口机大梁的吊挂钢绳是否磨损腐蚀；

（6）通风用的风管，接头是否牢固；

（7）钻铁口时，严禁钻漏烧坏开铁口机。

5.3.2.3　泥炮的检查维护

A　电动泥炮的检查维护

（1）电动泥炮操作必须严格执行操作规程，杜绝各安全装置运转时超过极限；

（2）严禁将冻泥块或干硬泥块装入泥筒内，清理干净活塞后面的残渣及硬泥以防止打泥时拉坏传动螺母或顶弯拉杆；

（3）应保持炮嘴完整和炮头内壁光滑，发现炮泥结焦黏结时要及时抠掉；

（4）严禁用凉炮嘴堵铁口，防止发生爆炸，应用之前应先烘烤炮嘴；

（5）泥筒内定期加油润滑，压炮和打泥机构的传动螺杆及丝母定期注油，各装置机械部分定期检修更换，特别是压炮丝母要定期更换；

（6）电气线路要保持干燥，定期检查、维护更换。

B　液压泥炮的检查维护

（1）定期检查维护液压系统各阀门、仪表，保证完好；

（2）操作液压泥炮时必须保证油压，不得低于规定压力，液压油管路、接头处不得漏油，保证电气线路畅通，油泵工作正常；

（3）液压系统内液压油应保持清洁干净，滤油设备需定期清扫，确保洁净无异物和污垢；

（4）注意检查泥缸中活塞是否倒泥，倒泥严重时应及时处理；

（5）液压油温不许超过60℃；

（6）其他检查维护方法按电动泥炮执行。

5.3.2.4　出铁操作

A　出铁口的构造

出铁口的整体构造如图5 6所示。出铁口由铁口框架、冷却板、砖套、铁口孔道等组成。

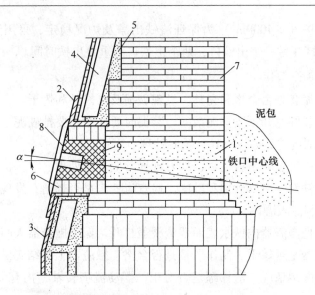

图 5-6 出铁口整体结构剖面示意图
1—铁口孔道；2—铁口框架；3—炉皮；4—炉缸冷却壁；
5—填充料；6—砖套；7—砖墙；8—铁口保护板；9—泥套

出铁口设在炉缸下部的死铁层之上，是一个通向炉外的孔道。在出铁过程中，铁口孔道和泥炮接触高温的液态渣铁，会被渣铁侵蚀，同时受到从铁口出来的煤气流的冲刷。铁口能否维护正常深度，完全靠出铁堵泥后所形成的泥包层和渣皮来维护，因此要求泥炮的泥必须耐渣铁的冲刷。有水炮泥因含有一定量的黏土，导热性不好且有水蒸气排出，易变形和产生裂缝，会导致泥炮裂断，使铁口变浅；渣中的 CaO 和泥炮中的 SiO_2、Fe_2O_3 反应生成低熔点化合物，使炮泥失去强度，铁口孔道变大。无水炮泥为中性耐火材料，不与熔渣起化学反应，有利于铁口防护，能保证铁口深度，满足生产要求。图 5-7 为正常生产时的铁口泥炮断面图。

B 打开出铁口时间

打开出铁口时间有以下情况：

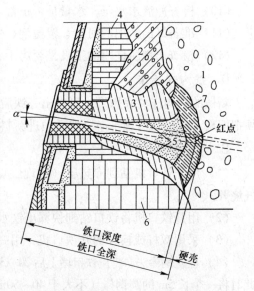

图 5-7 开炉后生产中铁口的状况图
1—炉缸焦炭；2—炉墙渣皮；
3—旧堵泥；4—残存的炉墙砖；
5—出铁时泥包被渣铁侵蚀变化情况；
6—残存的炉底砖；7—新堵泥

（1）有渣高炉铁口堵后，经过一定的时间或若干批料后放上渣，直至炉前出铁。

（2）大型高炉一个出铁口出完铁后堵口，再间隔一段时间，打开另一个出铁口出铁。

（3）大型高炉多个出铁口轮流出铁时，即一个铁口堵塞后，马上按对角线原则打开另一个铁口。

（4）现代大高炉（>4000m³）为保证渣铁出净及炉况稳定，采用连续出铁，即一个出铁口尚未堵上即打开另一个出铁口，两个出铁口有重叠出铁时间。

C　出铁前的准备工作

（1）检查铁口泥套是否合格和完整，发现破损及时修补和烤干。

（2）检查泥炮装好泥并顶紧打泥活塞，装泥时要注意不要把硬泥、太软的泥和冻泥装进泥缸内，并进行试运转，如发现异常及时处理。

（3）检查开铁口机运转是否正常，如发现异常应及时处理。

（4）清理好渣铁沟，垒好砂坝和砂闸。检查渣铁沟是否畅通，发现有残渣铁应及时清理，保证渣铁能顺利流入罐内。

（5）钻铁口前把撇渣器内铁水表面残渣凝盖打开，保证撇渣器大闸前后的铁流通畅。

（6）检查撇渣器是否烤干，制作质量是否合格，撇渣器上凝结壳是否清理。

（7）检查炉前配罐情况：渣铁罐是否对正，摆动流嘴转轴槽内有无渣铁粘着，如有，必须清除。

（8）检查出铁各道工序的工具是否准备齐全。

（9）检查渣铁沟和沟嘴是否破损，发现破损应及时修补，防止渣铁外漏。

（10）检查冲渣水水压、水量是否正常。

（11）准备好出铁用的河沙、覆盖剂、焦粉等材料及有关的工具。

（12）检查出铁所使用的工具是否烤干，杜绝用潮湿工具接触铁水，以防放炮。

D　铁沟的操作

新做的铁沟应彻底烤干，每次出完铁后应清理干净，如有损坏要进行修补，修补时必须把旧料及残渣铁清理干净，然后填进新料按规定尺寸捣紧烤干。

E　打开出铁口方法

（1）用开铁口机钻到赤热层（出现红点），然后捅开铁口，赤热层有凝铁时，可用氧气烧开。

（2）用开铁口机将铁口钻到快漏出铁水，然后将开铁口机迅速退出。

（3）采用双杆或换杆的开铁口机，用一杆钻到赤热层，另一杆将赤热层捅开。

（4）埋置钢棒法。将出铁口堵上后 20~30min 拔炮，然后将开铁口机钻进铁口深度的 2/3，此时将一个长 5m 的圆钢棒（不大于 40~50mm）打入铁口内，出铁时用开铁口机拔出。

（5）烧铁口。采用一种特制的氧枪烧铁口，事先将送风风口和铁口区域烧通。

F　铁口异常处理

当钻进一定深度后从断裂缝隙处漏铁，便无法继续钻进，又不能用氧气烧开，铁流又很小，可以立即组织从另一个铁口出铁或采取"焖炮"的处理方法。"焖炮"易造成铁口"跑大流"和发生铁口上方两侧风口烧穿事故，应做好准备工作。

G　出铁期间的操作

铁水流出后，在出铁期间要注意铁流的变化，如果焦炭块卡塞铁流小，应捅开铁口使铁水熔渣顺畅流出，确保按时出净渣铁；见下渣后，当撇渣器前沟槽内铁水面上积存约

100mm 的熔渣后推开渣坝，使渣经下渣沟流入粒化区；在撇渣器的铁水面上和贮铁式主铁沟上撒上保温剂，以减少铁水的散热损失，防止凝结。看罐人员应根据铁罐重量、渣铁流的大小及时更换罐位。

H 出铁操作安全注意事项

(1) 穿戴好劳保用品，以防烧伤。

(2) 开铁口时，铁口前不准站人，打锤时先要检查锤头是否牢固，锤头的轨迹内无人。

(3) 出铁时，不准跨越渣铁沟，接触铁水的工具要先烤热。

(4) 湿手不准操作电器。

(5) 干渣不准倒入冲制箱内。

(6) 装炮泥时，手不准伸进装泥孔。

(7) 不准戴油手套开氧气，严禁吸烟，烧氧气时手不可握在胶管和氧气管的接头处。

I 堵铁口及拔炮作业程序

在正常出铁时，当渣铁出净、铁口见喷后，要进行堵铁口操作。见喷时进行堵前试炮，确认打泥活塞堵泥接触贴紧，铁口前残渣铁清理干净，铁口泥套完好，进行堵铁口操作。程序如下：

(1) 启动转炮对正铁口，并完成锁炮动作。

(2) 启动压炮将铁口压严，做到不喷火、不冒渣。

(3) 启动打泥机构打泥，打泥量多少取决于铁口深度和出铁情况。

(4) 用推耙推出撇渣器内残渣。

(5) 堵铁口后拔炮时间：有水炮泥 5~10min，无水炮泥 20~30min。

(6) 拔炮时要观察铁口正面无人才可作业。

(7) 抽回打泥活塞 200~300mm，无异常再向前推进 100~150mm。

(8) 启动压炮，缓慢间歇地使炮头从铁口退出抬起。

(9) 保持挂钩在炉上 2~3min（或自锁同样时间）。

(10) 泥炮脱钩后，启动转炮退回停放处。

J 堵铁口时注意事项

(1) 堵口前应将泥炮检查试转，发现异常，争取在堵口前处理完毕，不能影响堵口。

(2) 堵口前应将铁口处沉积残渣清理干净，以保证泥炮炮嘴与铁口泥套严密接触，争取堵口不跑泥。

(3) 堵口前应烤热泥炮头，以免堵口时开裂。

(4) 铁口浅时堵口，退炮时间要适当延长，退炮后要及时装泥，以防铁口化开。

(5) 起炮后，要对炮头打水冷却，但不能打水过量，防止流入炮内或铁沟内。

(6) 使用有水炮泥时，堵铁口后至少 15min 后才能退炮；使用无水炮泥时，堵口后应经过 20min 后才能退炮。铁口浅或渣铁未出净时，退炮时间更需慎重。

(7) 开泥炮要稳，不冲撞炉壳，压炮要紧，打炮要准，打泥量要稳定。

5.3.2.5 日常操作

A 挖炮头的操作

(1) 退炮后打水冷却炮头，退泥柄泄尽余压，操作者站在泥炮外侧，用钢钎挖净炮头内的炮泥。

（2）若发现炮头、炮筒内有结焦现象，先挖净里面的结焦泥，再清洗干净。

（3）将残泥清离现场。

B　液压泥炮的装泥操作

（1）泥炮活塞退回终位，将炮泥投进装泥孔内。

（2）装满后启动油泵，操作到打泥位置，活塞前进挤紧炮泥。

（3）操作杆打到"后退"位置，泥炮活塞退至终位，重复装泥，直到装满。

（4）停止油泵，清扫炮身及现场。

C　潮铁口的处理

（1）钻铁口时发现铁口潮，应立即停钻。

（2）开铁口机往后退 200～300mm，利用吹扫风排潮。当风压大于 0.85MPa 时，可适当调小风量。

（3）根据排潮泥情况操作移动小车前后移动钻杆，排潮泥后缓慢向前再钻铁口。

（4）若铁口连续有潮泥，应尽快查明原因，并采取相应措施。

D　投撒保温剂的操作

（1）撇渣器投放保温剂。将沙坝捅到底，尽量排除主沟内的熔渣，待渣打铁停止流动后将准备好的保温剂（焦粉）投放到主沟内 2～3m 处及方井内。

（2）铁罐投放保温剂。当铁罐已装满铁水后将摆动流嘴倾动到过渡罐时，向已装满铁水的罐内投放保温剂。原则上 10t 铁水一包保温剂，保温剂必须均匀布满铁罐铁水液面。

E　倒铁口操作

（1）选用小钻头开铁口，铁口打开后，若先来熔渣应及时加固铁沟沟头焦粉坝，确保熔渣进干渣坑，主沟、撇渣器（方井）投撒焦粉；若先来铁水，应及时将铁沟沟头的焦粉坝解除。

（2）当主沟内盛满铁渣后，向沟内投撒焦粉（保温剂）。

（3）来熔渣时，适当降低沙坝高度，并引熔渣进渣沟。

（4）若出现"跑大流"，要通知工长酌情减风降压；若出现"跑焦炭"，用捅钎引导焦炭随熔渣流走；若出现"卡焦炭"，当铁水流速大于 4t/min，任其继续出铁，当铁水流速小于 3t/min，应酌情捅开铁口。

（5）铁水出尽时，按正常堵铁口操作，适当增加打泥量（40～45kg）。堵铁口后，及时放空撇渣器。

（6）撇渣器用捣料塞严堵紧，清除残渣，清理现场。

F　放撇渣器操作

（1）提前将残铁沟清理干净并烤干。

（2）准备吹氧管、氧气皮管、卡具、钢钎、锤子。

（3）确认铁罐对位准确、堵铁口正常后进行。

（4）角沟沟头用河沙筑坝，防止翻渣。捅低沙坝，尽量排出熔渣。

（5）用钢钎挖松撇渣器内的堵泥，并清出。撇渣器眼挖至见红。用氧气烧撇渣器眼，氧气管应摆正，稍向上，防止撇渣器眼烧低、烧偏。

（6）当主沟、撇渣器内残铁放净后，清理撇渣器眼和过道。

G 更换风口操作

（1）提前准备好休风泥、工具和用品。

（2）倒流休风后，卸下风管，配管工及时装卸风口进、出水管的活接头和软管。

（3）风管卸下后应及时进行风口堵泥，一定要捣紧堵严，防止风口拉下来后或抠残渣时垮焦炭，然后卸下风口顶杆。

（4）从导链环里将卡机伸进风口里，使卡机勾住风口上缘，卡机下面用铁棍顶紧，防止震打时脱落。拉动滑锤，将风口震松后取下。

（5）用钢钎将容装风口的空间圆环下半圈均匀地扩大 15～30mm。如果风口前端有凝铁，应一同铲除或烧掉，并清理干净。

（6）将灌水试压检漏后的小套装进去摆正并用捣棍打紧，确保严密，然后装上风口顶杆。

（7）配管工及时连接水管并通水。风管及水冷管安装好后，关好视孔大盖、小盖。

（8）经检查确认后通知工长送风。将旧风口（风管）吊离风口平台，清理现场。

5.3.3 炉前设备点检项目、内容及设备事故处理

5.3.3.1 开铁口机的点检项目、内容

A 旋转机构

（1）地脚螺栓是否松动。

（2）轴承有无异响、是否缺油，液压马达是否漏油，连接螺栓是否松动。

（3）开铁口机是否对准出铁口。

B 送进机构

（1）地脚螺栓是否松动；

（2）轴承有无异响、是否缺油，液压马达是否漏油，连接螺栓是否松动。

（3）传动链轮磨损程度，链条磨损程度，是否缺油。

C 液压凿岩机（液压开口机）

（1）固定凿岩机的小车架是否损坏，车轮组件磨损程度，凿岩机紧固螺栓是否松动。

（2）凿岩机旋转马达是否漏油，凿岩机旋转、冲击是否正常，水套螺母是否松动。

（3）凿岩机钎尾是否损坏断裂。

（4）凿岩机密封是否损坏，内部配件是否损坏。

D 轨梁机构

（1）胀紧链轮磨损程度。

（2）链条磨损程度，是否断裂、变形。

（3）胀紧链轮调节丝杠是否变形，转动是否灵活，润滑状况，是否缺油。

E 机上配管

（1）油管护罩是否损坏，油管接头是否漏油。

（2）油管是否崩裂（定期检查更换）。

F 摆动机构

（1）底座、侧板连接螺栓是否松动。

（2）摆动油缸是否泄漏。

G　液压系统

（1）手动换向阀、节流阀、液控单向阀是否泄漏、是否内泄。

（2）油泵工作是否异常、有无异响。

（3）管路中的高压球阀是否损坏。

（4）液压泵工作是否异常、有无异响。

（5）电机温度是否过高，轴承有无异响。

（6）电磁溢流阀动作是否正常，油管接头是否泄漏。

H　HYD300 液压开口机

HYD300 液压开口机性能参数见表 5-2。

表 5-2　HYD300 液压开口机性能参数

项　目	参　数	项　目	参　数
钻机最大行程/mm	450	有效钻孔深度/mm	420
钻杆直径 ϕ/mm	42	钻头直径 ϕ/mm	50 ~ 65
钻孔角度/(°)	10 ± 5	钻头进位行程/mm	3400
钻头转速/r·min^{-1}	约 300	工作钻进速度/m·s^{-1}	0.025 ~ 0.05
冲打频率/Hz	40 ~ 50	钻杆返退速度/m·s^{-1}	1
工作介质	N46 抗磨液压油	系统清洁度/级	9
悬梁钻角调整范围/(°)	7 ~ 13	凿岩机型号	HYD300

机　构	项　目	参　数
钻冲机构	工作油压/MPa	16 ~ 19
	旋转扭矩/N·m	100 ~ 300
	旋转工作压力/MPa	4.5 ~ 15
	冲击功/J	300
	冲打频率/Hz	40 ~ 50
	工作流量/L·min^{-1}	钻孔 40 ~ 70
送进机构	工作油压/MPa	16
	工作介质	矿物油
	转臂回转半径/mm	4050
	工作流量/L·min^{-1}	钻孔 40
倾斜机构	工作油压/MPa	25
	工作介质	矿物油
	倾斜油缸 ϕ/mm	125/100 × 100
旋转机构	工作油压/MPa	25
	工作介质	矿物油
	旋转油缸 ϕ/mm	60/100 × 1420
	旋臂回转半径/mm	4050
	旋臂角度范围/(°)	70 ~ 150
	旋转时间/s	< 20
	回转角度/(°)	110
压缩空气	压力/MPa	0.6
	流量/m³·min^{-1}	3.5

5.3.3.2 开口机的常见故障原因及处理方法

A 开口机常见故障

开口机常见故障及处理措施见表5-3。

表5-3 开口机故障及处理措施

常 见 故 障	处 理 措 施
油泵工作压力异常	调整压力
各阀不动作或动作不灵活	调试或更换，高压胶管泄漏必须进行更换
管路泄漏	铁管路泄漏进行补焊
水套螺母松动	重新拧紧
凿岩机内部配件损坏	整体更换

B 轨梁及送进机构常见故障

(1) 故障原因：

1) 送进液压马达漏油，端盖螺栓松动；

2) 胀紧链轮轴套磨损，调节丝杠损坏；

3) 链条磨损、断裂；

4) 车轮组件磨损，凿岩机紧固螺栓松动；

5) 小车架损坏。

(2) 处理方法：

1) 更换液压马达，紧固端盖螺栓；

2) 更换胀紧链轮及调节丝杠；

3) 更换传动链条；

4) 更换车轮组件，紧固凿岩机螺栓；

5) 更换小车架。

C 开口机挂钩不准确

(1) 故障原因：

1) 开口机旋转速度过快；

2) 挂钩行程长或短；

3) 挂钩或挂梁上粘有渣铁或磨损；

4) 铁水沟浅刮有挡板。

(2) 处理方法：

1) 调整开口机阀台节流阀流量；

2) 调整挂钩行程；

3) 清理挂钩上的渣铁；

4) 清理铁水沟。

D 开口机高压胶管泄漏、崩裂

(1) 故障原因：

1) 接头 O 形胶圈老化损坏；

2）油管制造质量不合格，达不到压力要求。

（2）处理方法：

1）定期更换胶圈；

2）选用质量好的高压胶管。

5.3.3.3　液压泥炮点检项目及内容

A　斜底座

（1）地脚螺栓是否松动；

（2）自润铜套磨损程度；

（3）轴承是否缺油、是否损坏。

B　回转机构

（1）回转油缸是否内泄反弹，回转油缸压盖螺栓是否松动、漏油；

（2）回转油缸耳轴压盖是否松动，回转油缸活塞杆铰接点处垫片磨损程度，螺母是否松动；

（3）油管接头是否渗油，液压系统压力是否正常；

（4）管路中高压球阀是否损坏；

（5）运行时是否跑偏。

C　吊挂装置

（1）吊挂轴承是否缺油，轴承压盖螺栓是否松动，中间立轴螺母是否松动；

（2）吊挂压板螺栓是否松动。

D　打泥机构

（1）打泥油缸是否漏油、内泄，打泥时是否后退；

（2）泥塞是否磨损、是否倒泥；

（3）打泥标尺是否损坏（定期更换钢丝绳）。

E　液压系统

（1）油箱油位、油压是否正常，油质是否劣化（定期更换液压油）；

（2）油泵有无异响，电磁溢流阀工作是否正常，蓄能器压力是否低；

（3）液压各阀动作是否正常、有无泄漏等；

（4）油泵电机有无异响，轴承温度是否过高，地脚是否松动，联轴器是否损坏。

F　YP4000T 液压泥炮技术

YP4000T 液压泥炮技术性能及参数见表5-4。

表5-4　**YP4000T 液压泥炮技术性能及参数**

名　称	单　位	参　数
泥缸容积	m^3	0.28
泥缸直径	mm	550
泥缸活塞上总推力	kN	4000
炮嘴直径	mm	150
打泥油缸直径	mm	450

名 称	单 位	参 数
打泥活塞杆直径	mm	250
打泥油缸行程	mm	1270
额定流量	L/min	229
泥塞上炮泥单位压力	MPa	16.7
吐泥速度	mm/s	266
打泥时间	s	53
压炮角度	(°)	10
压炮力	kN	360
最大打泥反力	kN	295
转臂旋转角度	(°)	121
旋转油缸	mm	280
旋转油缸活塞杆直径	mm	180
旋转油缸行程	mm	1085
液压系统工作压力	MPa	25
前进旋转时间	s	10±1
回转角度	(°)	11
回转角度余量	(°)	4
回转后退时间	s	约30
转臂半径	mm	3600
额定流量	L/min	400
最大流量	L/min	445
炮嘴上下调整量	mm	250
炮嘴左右调整量	mm	200
炮嘴向前富裕量	mm	200
工作介质——抗磨液压油		N46号

5.3.3.4 液压泥炮常见故障原因及处理方法

A 液压泥炮打泥油缸后退

（1）故障原因：

1）油缸内泄漏严重；

2）液压管路部分泄漏；

3）液压系统压力不足；

4）手动换向阀泄漏；

5）液压锁管路中的高压球阀损坏。

（2）处理方法：

1）内泄严重时，更换油缸下线修理；

2）更换油管并补焊；

3）检查油泵是否异常，如异常需更换油泵；

4）检查手动换向阀是否泄漏，O形圈是否磨损，如磨损需更换；

5）检查液压管路中液压锁、高压球阀是否损坏，如损坏需更换。

B　液压泥炮回转油缸反弹

液压泥炮回转油缸反弹的故障原因及处理方法与液压泥炮打泥油缸后退相同，不再赘述。

C　液压泥炮在使用过程中摆动大、炮嘴偏离出铁口位置

故障原因及处理方法：

（1）回转机构斜底座螺柱松动。处理方法：紧固地脚螺柱。

（2）回转机构座、轴承、吊挂轴承、各铰接点轴承磨损。处理方法：维修或更换。

（3）吊挂轴承压盖螺柱切断。处理方法：压盖与轴承外套焊接处理，有休风机会时更换炮座。

（4）回转油缸活塞杆铰接点处垫片厚度不合适。处理方法：调节垫片厚度。

（5）控制连杆损坏。处理方法：更换控制连杆。

5.3.4　出铁过程中的事故与处理

5.3.4.1　铁口工作失常

A　铁口过浅

后果：

（1）"跑大流"、"跑焦炭"，高炉被迫减风，降压出铁，造成渣铁出不净使炉缸存渣铁，影响顺行，破坏正常操作制度，高炉减产。

（2）出渣铁不净，炉缸积存渣铁过多，放渣困难，烧坏渣口，甚至渣口爆炸。

（3）炉墙无泥包保护，渣铁侵蚀，易造成铁水烧穿砖衬及烧坏冷却壁，发生铁口爆炸和炉缸烧穿恶性事故。

（4）渣铁出不净，堵口时难形成泥包，退炮时铁渣跟出。

原因：

（1）渣铁出不净，下渣量大；

（2）泥炮质量差；

（3）潮泥出铁，打泥量少，铁口冷却设备漏水；

（4）炉况长期不顺。

处理方法：

（1）出净渣铁，若因其他原因存渣铁，可提前出铁；

（2）缩小铁口眼，严禁潮泥出铁；

（3）堵死铁口两侧的风口，待恢复正常铁口深度即可捅开风口或换成直径小的风口加以巩固；

（4）改变铁种，降低 R（由低标号改高标号或由炼钢生铁改铸造铁），减少侵蚀；

（5）提高炮泥质量；

（6）铁口浅时应常压操作，恢复正常改为高压，适当增大铁口角度。

B　铁口自动出铁

原因：

(1) 渣铁未出净，积铁多；

(2) 炉内风压高，活跃，铁口维护差；

(3) 堵泥质量差，铁口连续过浅。

处理方法：

(1) 加强铁口维护；

(2) 失常期间，及时做好出铁准备；

(3) 放风堵口。

C 出铁"跑大流"（铁流过大）

后果：

(1) 下渣过铁，熔化渣罐；

(2) 渣铁外溢，烧坏设备；

(3) 拔闸不及时，灌满后流到地上，焊住铁罐，烧坏铁轨。

原因：

(1) 铁口过浅时，钻漏，使铁口眼过大；

(2) 闷炮；

(3) 潮泥出铁；

(4) 连续渣铁出不净，存渣铁多；

(5) 铁口断裂，炮泥质量差。

处理方法：

(1) 减风降压出铁，拔闸；

(2) 加高沟帮及各闸、坝，不得有积水。

预防措施：

(1) 开口时，应根据铁间上料批数、炉缸存铁情况和打泥量多少，酌情处理铁口眼；

(2) 若炉缸存渣铁，铁口浅，应提前减风降压处理铁口（连续几次没出净）；

(3) 有水炮泥高炉，用手钻开铁口，无水炮泥高炉，用直径小的钻头开口；

(4) 开口时不钻到"红点"，留 200~300mm，用钎子打开，铁口眼小；

(5) 潮时，按潮铁口处理操作；

(6) 提高炮泥质量。

D 铁流过小

后果：

(1) 凝死砂口过道眼；

(2) 待铁口来流时，"跑大流"；

(3) 延长出铁时间，打乱炉前作业时间表，导致炉内大量存铁。

原因：

(1) 开口处理不当（开口没钻到"红点"）；

(2) 泥包裂缝，铁口孔道中渗铁。

处理方法：

(1) 铁流过小，在主沟内做临时沙坝，及时透铁口，铁流来后推开沙坝；

（2）当铁口孔道渗铁时，不能烧、钻、用针子又打不开时，使用无水炮泥的高炉，可"闷炮"；有水炮泥的高炉，可将铁口堵上，打泥量不宜多，按潮铁口处理方法重开铁口，必须保证烤干，确保第二次开口成功。

"闷炮"注意事项："闷炮"：打入潮泥，依靠打泥时的冲击力和铁水接触潮泥后爆炸的冲击力，将未钻透的泥包从漏铁水处崩掉，使渣铁顺利流出。

（1）铁口附近的风口装置漏风时，"闷炮"极易造成直吹管烧穿，故必须保证无漏风；

（2）"闷炮"后容易造成流量增多，应提前对各闸、坝加高加固，并做好减风降压出铁准备；

（3）若打泥过多将铁口闷死，可掏出新打入的潮泥，用开口机继续钻铁口；

（4）打完泥迅速退炮，防止堵泥干燥后封住铁口或跟出来的大流铁水烧坏炮头。

E　潮铁口

后果：

（1）水分蒸发、膨胀发生"喷溅"；

（2）"跑大流"；

（3）铁口变浅出不净渣铁；

（4）严重者铁口爆炸。

原因：

（1）冷却壁漏水（铁口附近）；

（2）打泥量大，铁口深度过长，增长幅度过急；

（3）两次出铁间隔时间短；

（4）炮泥水分大。

处理方法：

（1）潮泥时，适当提前处理铁口；

（2）退炮后，立即抠好炮头并装泥顶紧，钻一定深度，排出铁口孔道潮气，严密监护铁口，一旦来铁堵上铁口；

（3）开口时，铁口眼小，分段进行，保证烧干，严禁钻漏，没烧干钻漏时，降风、降压出铁。

预防措施：

（1）杜绝水源，漏水必须及时处理；

（2）规定时间出完铁，防止出铁晚点或时间长，造成两次间隔短；

（3）保证炮泥质量，严禁水分量过大。

F　铁口孔道长期偏斜

后果：

（1）偏差过大，铁口孔道和铁口两侧冷却壁间隔小，若出现铁口工作失常或铁口孔道变大时，易烧坏铁口附近冷却壁；

（2）炉缸烧穿或爆炸。

原因：

（1）炮身偏斜：因撞炮或操作不当导致炮嘴中心没对准铁口中心，没检查泥炮是否偏斜就新做泥套；

（2）开口机走行梁没有定位装置，开口时不能保证行走梁对准铁口中心；

（3）使用无水炮泥时，开口机旋转方向总是造成铁口孔道逐渐向一个方向偏斜。

预防措施：

（1）定时检查，及时纠正；

（2）严格按技术规程要求操作泥炮和开口机；

（3）使用无水炮泥高炉，开口机要正反转。

G　退炮时铁水跟出

后果：

（1）跑铁（没有具备出铁口条件下，退炮时发生渣铁水跟出）；

（2）烧坏炮头。

原因：

（1）由于炉内压力和退炮时抽力，渣铁冲开堵泥；

（2）铁口浅，打泥少；

（3）炮泥质量不好；

（4）操作不当（如无水炮泥退炮时间 40～50min）。

处理方法：

（1）按堵口操作程序，立即堵口；

（2）减风降压至最低水平。

预防措施：

（1）严格遵守操作规程；

（2）铁口浅时，退炮前须具备出铁条件；

（3）装炮泥时，保证质量和数量。保证足够堵口所需的炮泥数量外，还须保证退炮时铁水跟出时立即堵口需要炮泥的数量。

H　铁口爆炸

后果：

（1）冷却壁崩毁；

（2）结构（铁口）破坏；

（3）被迫休风。

原因：

（1）潮泥出铁（潮铁口）；

（2）铁口过浅；

（3）长期维护不好。

预防措施：

（1）加强维护，保证铁口深度；

（2）加强冷却壁检查；

（3）严禁潮铁口出铁；

（4）若有爆炸迹象，立即下降风堵口，检查原因，及时处理。

I　堵铁口冒泥

原因：

（1）误操作或铁口附近（两侧底）有渣铁凝结大块，妨碍炮头下压到铁口泥套眼里；

（2）泥套损坏或泥套中心和铁口不在一中心线上，开口机钻铁口时，钻头、钻杆撞坏泥套。

处理方法：

（1）开口机钻铁口时，避免钻杆、钻头撞坏泥套；

（2）保持炮头完好光洁；

（3）打泥时发现冒泥腾起黑烟时，应立即停止打泥，并检查原因，根据情况或继续打泥或退炮，放风重新装泥堵铁口或人工堵铁口和休风处理。

J　铁水流入渣沟

铁水漫过大壕或沙坝流入红渣壕，或者铁水直接冲开沙坝注入红渣壕，事故口未能达到安全排放的作用，导致铁水直接进入水渣壕开炮，甚至把水渣壕炸塌，高炉被迫休风。

铁水流入下渣沟、水渣壕开炮的危害性。铁水经下渣沟进入水渣壕形成开炮，炸坏水渣壕，导致生产中断，高炉休风。铁水开炮甚至会给职工人身安全带来伤害，造成恶性事故。

原因：

（1）渣铁流过大，铁口过浅；铁水漫过沙坝表面或冲开沙坝。

（2）沙坝构筑不规范，沙子干湿不匀或太湿，出铁前烘烤不彻底，出铁时翻滚。筑沙太干，沙坝不牢固，出铁时推出沙坝。沙坝底有凝铁，高温熔化后穿铁。

（3）撇渣器口内有凝渣，过铁不畅，形成大壕铁水漫过沙坝。

（4）新制备撇渣器口尺寸不合适，通道直径小，外通道出口位置高。

（5）筑大壕沙未烤干，出铁开炮漂浮，堵塞撇渣器入口。

处理方法：

（1）发现铁水流入渣沟，及时减风堵铁口，从源头治理。

（2）开通事故口使铁水流入事故沟。

（3）处理存在的隐患和事故根源，重新准备开铁口出铁。

（4）发现撇渣器过铁不畅时，及时用圆钢捅撇渣器内外口及过道。

（5）当发生铁水流入渣沟时，应立即堵上铁口，打开下渣沉铁坑入出铁水，也可同时打开各道闸，使铁水停止冲渣往地下分流，绝对避免铁流进入冲渣池。然后根据情况危险消除后，再拔炮继续出铁。

铁水流入下渣沟、水渣壕开炮的预防措施：

（1）铁口过浅、长时间出铁、上次出铁未来风等可能导致"跑大流"，出铁前应加高加厚主沟和沙坝，并作好减风的准备。

（2）构筑大壕与沙坝的河沙必须搅拌均匀，筑好的大壕与沙坝一定用干柴或铁水进行烘烤，防止开炮漂浮。

（3）新构筑的撇渣器要符合设计要求，使用前必须按规定烘烤。

（4）下渣沟的安全事故口良好，随时可以使用，进行事故的补救。

（5）主沟及撇渣器用沙加固预防。

（6）坝必须筑牢、烤干，不准过早推开沙坝。

（7）出铁前清理主沟，修整不坚实处，撇渣器凝盖应全部打碎用钩子钩出，防止堵塞或冲撞开沙坝。

（8）修补撇渣器必须要符合规定尺寸，并消除撇渣器中剩余物。

5.3.4.2　炉缸和炉底烧穿

炉缸和炉底烧穿原因：设计不合理，耐火材料质量低劣或砌筑施工质量不佳；冷却强度不足，水压过低，水质不好，水管结垢；长期冶炼不易生成石墨碳的铁种（如低硅高硫或含锰较高铁种）；频繁洗炉，尤其是萤石洗炉；使用含铅或碱金属的原料；冷却器件漏水入炉缸；长期铁口过浅或出铁操作及铁口维护不当。

炉缸和炉底烧穿征兆：冷却壁水温差超过规定值（黏土砖炉缸和炉底规定值为 $2℃$，碳砖炉缸炉底（包括综合炉底）规定值为 $3 \sim 4℃$）；炉基温度超过限值（强制风冷炉底限值 $250℃$；自然通风炉底限值 $400℃$；黏土砖无冷却炉底，炉基表面 $700 \sim 800℃$）；冷却壁出水温度突然升高或出水量减少；炉壳发红或炉裂缝冒气；出铁时经常见下渣后铁量增多，甚至先见下渣后见铁。

炉缸和炉底烧穿预防：开炉初期安排冶炼利于在炉缸内沉积石墨碳的铁种；平日不轻易洗炉；根据水温差增大及其他征兆，改炼铸造铁或提高碱度，在水温差增大的方位，风口减风，甚至堵塞风口；改变装料制度，减少边缘气流，适当降低冶炼强度；在炉底和周围形成难熔保护层；重视出铁和铁口维护工作；重视冷却系统检查，避免漏水，定期清洗冷却器；水温差增大时，提高炉缸和炉底的冷却强度。

5.3.4.3　泥套破损堵不上铁口

铁口泥套破损后，炮嘴和泥套接触不严。轻者打泥时冒泥，使铁口深度变浅；严重时打不进泥，封不住铁口，造成事故。

泥套破损的原因有：

（1）钻铁口时钻头没对准泥套中心，或者用弯钻杆钻铁口，造成泥套破损。

（2）铁口眼偏，出铁过程中铁流将泥套边缘冲刷损坏。

（3）泥套底侵蚀过低。

（4）不按时新做（或修补）泥套，泥套边酥，在出铁过程中被水冲刷损坏、凹凸不平。

出铁过程中发现泥套破损，可在炮头糊一层泥，炮头缠石棉绳，以便制止冒泥，铁罐应留有余地，需提前堵铁口。泥套损坏，打不进泥，高炉应立即拉风或休风，以确保封住铁口，避免发生事故。出完铁后应及时修补或制作泥套。另外为防止泥套破损，在日常生产中应做到不用弯杆钻铁口，钻铁口时待钻头对准泥套中心后再启动，定期新做泥套，发现破损及时修补。

5.3.4.4　泥炮事故

（1）泥炮"洗澡"。

原因：转炮速度快，泥炮撞炉壳，炮架与炮体连接轴断，炮筒掉沟内，炮头抬头高度不够。

（2）丝杆"穿箭"：传动杆在连接处断落。

（3）螺母脱扣或炮筒胀裂：

1）抽风活塞时，操作不当，螺母脱扣；

2）炮筒装冻泥或砖头时，炮筒胀裂。

（4）炮头呛铁或烧坏炮头：

1）打泥时冒泥封不住铁口；

2）事故状态下顶铁流堵口；

3）打泥活塞没顶紧，炮嘴呛铁。

5.3.4.5　撇渣器"放炮"或"漂船"

修补撇渣器时间长，易造成出铁晚点。为了抢时间出铁，避免丢铁次（少出一炉次铁），烘烤时间不足，新糊泥层中的水分没有彻底烤干。出铁时在铁水的高温作用下水分急剧蒸发，体积迅速膨胀，冲出铁面，使撇渣器内"咕嘟"起来。"咕嘟"的结果是新糊泥层受到严重破坏，铁水从损坏的部位钻进去，遇潮泥后发生"放炮"，使撇渣器受到更严重的破坏。如果局部崩坏，对出铁没有太大的影响时，可继续出铁，待出完铁后放出存铁再进行修补。如果破损严重，铁水将新糊泥层漂起，发生"漂浮"现象，无法继续出铁，则应堵上铁口，放出存铁后进行修补。此时高炉应适当减风控制料速，避免炉缸中积存的渣铁过多而发生其他事故。

为防止上述事故发生，糊泥不要太软，当撇渣器破损严重时，考虑糊泥层厚度。可分两次修补，宁可丢铁次，也要彻底烘干后再出铁，否则发生事故不能正常出铁损失更大。条件允许时可采用双撇渣器操作，不影响出铁，可避免因修补撇渣器而造成的减产损失及事故发生。

5.3.4.6　撇渣器烧漏

修补撇渣器时，旧内衬层中的残铁没有抠净，出铁时残铁熔化后，铁水从新糊泥层的裂缝中渗透进去，并与熔化了的残铁连通，造成新泥层很快破损。铁水继续向里侵蚀渗透，最后透过砖衬，烧坏钢板外壳，发生撇渣器烧漏事故。

为防止上述事故，修补撇渣器时一定抠净残铁，新糊泥层捣实并烤干，确保修补质量。同时，还要定期检查，发现问题及时处理。

5.3.4.7　砂闸不牢或推闸过早造成下渣过铁

叠砂闸时残铁没抠净，出铁时残铁熔化后，铁水从砂闸底部穿过去冲开砂闸，造成下渣过铁；叠闸晚，砂闸没烤干，出铁是潮砂中的水分受热蒸发后使铁水产生"咕嘟"现象，严重时将砂闸"咕嘟"开，造成下渣过铁。另外，由于操作上失误，在堵口前过早推开砂闸，渣铁流将余下砂楞冲掉后造成下渣过铁。下渣过铁后会造成严重的冲渣沟或渣罐"放炮"事故，或者发生渣罐烧漏事故，罐内的渣、铁全部流到地上。

发现下渣过铁后（较多时），应立即堵上铁口，防止下渣过铁太多，以减少事故损失，为避免下渣过铁而造成事故，叠砂闸时一定将残铁抠净，叠闸时一定要踩实并在下次钻铁口之前烤干，防止出铁时砂闸被冲开或"咕嘟"开；堵铁口前不准推开砂闸，避免下渣过铁。

5.3.4.8 砂坝和砂闸间的三角形沟帮被冲掉

修补撇渣器时，砂坝和砂闸间的三角形沟帮（俗称小岛）的糊泥没有捣实，或者出铁后抠撇渣器铁水表面的凝渣硬壳时，小岛下的沟帮被渣铁冲刷出深沟后，沟帮强度不够等情况的发生，都会在出铁流大时将小岛冲掉，造成下渣大量过铁。

5.3.4.9 撇渣器憋铁

A 造成撇渣器憋铁的原因

（1）新修补的撇渣器过道眼尺寸过小，或沟头过高，铁流过大。

（2）撇渣器过道眼中有渣铁凝块或异物堵塞（撇渣器没焖时）。

（3）渣铁流动性能差，在撇渣器眼内壁黏结上一层渣铁，使撇渣器眼实际尺寸变小。

（4）放残铁孔时，撇渣器内的残渣铁没放净凝固在撇渣器底部。

（5）焖撇渣器时，保温不好，造成结壳过道眼尺寸减小。

撇渣器憋铁多发生在打开铁口铁水淌入撇渣器时，大闸板前铁面升高，而小井内铁面上升缓慢，铁水满溢，可能进入下渣沟。此时应迅速用铁钎捅，如果大闸前铁面不下降，则立即堵上铁口，放出撇渣器内铁水，查找原因处理后再出铁。

B 预防措施

（1）修补撇渣器时，各部位尺寸必须保持合适。

（2）出铁前，必须检查撇渣器内有无异物，撇渣器眼内壁是否被渣铁黏结使孔道变小，待处理好后才允许开铁口。

（3）不焖撇渣器放残铁时，必须放净撇渣器内残渣铁。

（4）冶炼高标号生铁时，渣铁流动性较差，撇渣器眼应适当放大些。

（5）焖撇渣器时，出铁后应及时在铁水表面撒上焦粉（或碳化稻壳），防止凝固或结壳。

5.3.4.10 铁沟过渣

撇渣器大闸板破损、沟头过低及打开铁口先来渣没有及时采取措施，都会造成铁沟过渣。

处理方法：

（1）打开铁口先来渣时，可采用在小井上盖草袋、麻袋等，然后压上砂子，也可以用砂子加高小井四周。鉴别铁水面上来的方法是，用铁勺取出大闸前主沟底的渣子，倒在平台上，当渣中有铁花喷溅时，即说明铁水面已经上来，应立即拿开小井和沟头的砂子等，使铁水流入铁沟。

（2）因撇渣器大闸板破损或沟头过低造成过渣时，少量的过渣可用草包、破麻袋等物盖在小井上压上少量砂子，使铁水能够自动流出，以此抑制过渣。过渣量较大时应立即堵上铁口，临时采用加高沟头的办法，待出净渣铁后再进行修补。但应注意沟头的高度必须低于下渣沟高度，否则会造成下渣过铁。

（3）撇渣器操作人员应经常检查撇渣器的各个部位的状况，发现破损应及时修补，保证撇渣器各部位尺寸比例适宜。

5.3.4.11　撇渣器凝结

发生撇渣器凝结的原因是炉凉铁水物理热不足，流动性差；撇渣器进水或出铁间隔时间长，保温不良的情况下没有及时放出撇渣器的铁水而造成的。此时出铁就会导致铁水溢出主沟并流入冲渣沟或下渣罐中酿成事故。

（1）处理方法：

1）铁口打开发现撇渣器凝结，必须立即降压减风堵住铁口。

2）同时用砂加高主沟两边帮，加固砂坝，打开备用的安全出铁弯沟，防止铁水外溢及流入冲渣沟或下渣罐中。

3）铁口堵上后，仍需维持低风量操作。

4）积极组织放残铁工作，用氧气烧开小井、过道眼、放残铁孔，使铁水通过撇渣器小坑流入铁水罐。

5）做好砂坝、砂闸，埋好放残铁孔，重新开铁口，由于时间较长，必须在低风量情况下出铁，而且铁口眼不宜过大。

（2）预防措施：

1）如遇特殊情况出铁间隔时间长，应及早放出残铁。

2）新修补的撇渣器，第一、二次铁不宜进行焖撇渣器操作。

3）炉凉或炉温太高，铁水流动性差及炉况失常时，也不宜进行焖撇渣器操作。

4）出铁前，必须认真检查撇渣器中铁水有无凝壳，处理好后方能出铁。

5）避免水流入撇渣器。

6）出完铁后，撇渣器内铁水表面必须撒足够量的焦粉（或碳化稻壳）保温。

5.3.4.12　渣口冒渣

（1）冒渣的原因：因新换的渣口没上严或堵渣口时，堵渣机冲力过大；堵渣机头与渣口的接触过紧，拔堵渣机时未事先打松堵渣机头，硬拔时把渣口带出，使渣口和中套间产生缝隙，熔渣从缝隙中流出。

（2）处理方法：发现渣口冒渣，高炉应先降压减风，缓解熔渣对接触面的冲刷侵蚀，同时减慢料速，防止铁水面上升到冒渣部位。第二步立即组织出铁，使渣面快速回落而终止冒渣。出完铁后即可休风处理，如渣口已坏应立即更换。

（3）预防措施：新换渣口一定要上到位并打紧固定楔，如因渣口的保护性渣皮层上有突出的残铁或残渣阻挡而上不严时，可用钎子打掉，若打不掉，可用氧气烧，确保渣口上到位。

5.3.4.13 渣口爆炸

（1）渣口爆炸的原因：

1）渣铁连续出不净，使炉缸的铁水超过安全容铁量；

2）炉缸工作不活跃，有堆积现象；

3）长期休风后开炉或炉缸冻结，炉底结厚，使炉内铁水面升高；

4）小套破损未及时发现，放渣时带铁多。

（2）避免渣口爆炸事故发生应采取的措施：

1）严禁坏渣口放渣；

2）发现渣中带铁严重时，应立即堵上渣口，渣流小时应勤透；

3）不能正点出铁时，应适当减风控制炉缸内渣铁的数量；

4）炉缸冻结时，可采用特制的炭砖套制成的渣口放渣；

5）中修开炉时可不放上渣，大修开炉放上渣以疏通为主；

6）发生爆炸要立即减风或休风，尽快出铁，组织抢修。

5.3.4.14 渣口连续破损

渣口在短时间内连续烧坏，这种现象称为渣口连续破损。

造成渣口连续破损的主要原因是：炉缸堆积，渣口区域有铁水聚积，或者因边缘太重，煤气流分布失调，渣铁分离不好，放渣时渣流不正常，渣口带铁多。

防止渣口连续破损的措施：在高炉操作中采用使炉缸工作均匀活跃的调剂手段。

5.3.4.15 渣口自动流渣

（1）渣口自动流渣的处理：立即堵上渣口或用原渣口堵上打紧。

（2）渣口自动流渣的防止方法：渣铁未出净前不得更换渣口。

5.3.4.16 渣口有凝铁堵不上

（1）事故产生原因：

1）堵渣机塞头运行轨迹偏斜；

2）泥套破损或不正，塞头不能正常入内；

3）渣口小套与泥套接合处有凝铁；

4）塞头老化、不规则，上面粘有渣铁。

（2）采取的措施：

1）加强设备的检查，接班后应试堵；

2）保持泥套的完好，不用泥套损坏的渣口放渣；

3）塞头应完好；

4）对用氧气烧开的渣口，放渣时应勤透，堵口前适当喷射后再堵；

5）渣口堵不上时应酌情减风或用耧耙堵；

6）当炉况失常时，无论用堵渣机还是用人工堵耙都堵不住，熔渣继续外流，可将渣口捅大一些或拉风降压用人工堵上渣口，渣口堵上后即可恢复风量，待出完铁后再更换渣口。

5.3.4.17　其他操作事故

（1）压不开闸或拔不过去铁流：

1）堵口；

2）若泥套坏或炮头烧坏，不及时堵口，则会发生恶性事故。

（2）铁口开错位堵不上铁口：

1）钻铁口时，须使钻头对准铁口泥套中心，否则错位时，出铁铁流冲坏铁口泥套，封不住铁口；

2）处理：拉风，二次堵口。铁口浅，影响更大。

（3）堵铁口造成风管烧穿，渣铁未出净。堵泥中水分受蒸发后气体膨胀冲击力的作用造成渣铁倒灌，铁口上方风口使直吹管烧穿。

 思 考 题

（1）为什么要维护好铁口？维护好铁口应采取哪些主要措施？

（2）铁口过深有什么不好？怎样处理铁口过深？

（3）出铁前要做哪些准备工作？

（4）开残铁口前应做哪些准备工作？

（5）出铁口打开后，铁流太小应如何处理？

（6）铁口眼大小确定的原则是什么？什么情况下铁口眼应大些？

（7）为什么不能潮铁口出铁？潮铁口应如何处理？

（8）出铁"跑大流"的原因有哪些？怎样预防铁口"跑大流"？怎样处理铁口"跑大流"？

（9）更换风渣口各套时应注意什么？

（10）出铁见下渣后撇渣器应注意什么？

（11）完成炉前工仿真操作。

（12）根据生产单位的技术条件、设备条件和各种操作规程，完成高炉炉前工出铁操作。

实训项目6 煤气净化（清灰）岗位操作

实训目的与要求：

（1）知道常用的除尘设备的结构、作用、工作原理；

（2）正确操作高炉煤气净化设备；

（3）能够处理常见故障。

6.1 基础知识

6.1.1 煤气净化的主要任务和要求

高炉生产过程中每冶炼 1t 生铁大约能产生 1700～2500m³ 的煤气，从炉顶排出的煤气（又称荒煤气）其温度为 150～300℃，含有粉尘约 10～40g/m³。如不经处理，煤气中的灰尘不仅会堵塞管道和设备，还会引起耐火砖的渣化和导热性变差，并污染环境。同时从炉顶排出的煤气还含有饱和水，易降低煤气的发热值。因此高炉煤气需经除尘、降温、脱水后才能使用。煤气净化后其含尘量要小于 5～10mg/m³，煤气温度应降至 40℃以下。

6.1.2 除尘原理与设备的分类

实用中的除尘技术都是借外力作用来使尘粒和气体分离的，可借用的外力种类有：惯性力、加速度力、束缚力。按除尘后煤气所能达到的净化程度，除尘设备可分为以下三类：

（1）粗除尘设备。能除去粒径在 60～100μm 及其以上大颗粒粉尘的除尘设备，常采用重力除尘器、旋风除尘器等。粗除尘后煤气含尘量为 2～10g/m³。

（2）半精细除尘设备。能除去粒径大于 20μm 粉尘的除尘设备，常采用洗涤塔、一级文氏管、一次布袋除尘等。除尘后煤气含尘量降至 0.8g/m³ 以下。

（3）精细除尘设备。能除去粒径小于 20μm 粉尘的除尘设备，常采用电除尘设备、二级文氏管、二次布袋除尘等。除尘后煤气含尘量降至 10mg/m³ 以下。

6.1.3 评价煤气除尘设备的主要指标

（1）生产能力。指单位时间处理的煤气量，一般用每小时所通过的标准状态的煤气体积流量来表示。

（2）除尘效率。指标准状态下单位体积的煤气通过除尘设备后所捕集下来的灰尘重量占除尘前所含灰尘重量的百分数。

（3）压力降。指煤气压力能在除尘设备内的损失，以入口和出口压力差表示。

（4）水的消耗和电能消耗。一般以每处理 $1000m^3$ 标态煤气所消耗的水量和电量来表示。

对高炉煤气除尘设备的要求是：生产能力大、除尘效率高、压力损失小、耗水量和耗电量低、密封性好。

6.1.4　高炉煤气除尘工艺流程

煤气除尘分为湿法除尘系统和干法除尘系统两种。

6.1.4.1　湿法除尘

（1）重力除尘器→洗涤塔→文氏管→脱水器系统，如图 6-1 所示。

（2）重力除尘器→一级文氏管→二级文氏管→脱水器系统。

湿法除尘效果稳定，清洗后煤气质量好，但会产生污水，还要进行污水处理。

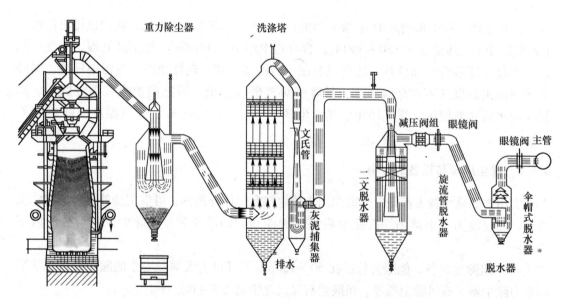

图 6-1　煤气湿法除尘工艺流程

6.1.4.2　干法除尘

（1）重力除尘器→布袋除尘器，如图 6-2 所示。

（2）重力除尘器→一板式电除尘器。

干法除尘最大的优点是消除了污水，有利于环保，提高了余压透平发电能力，但是工作不稳定，净煤气含尘量有波动。

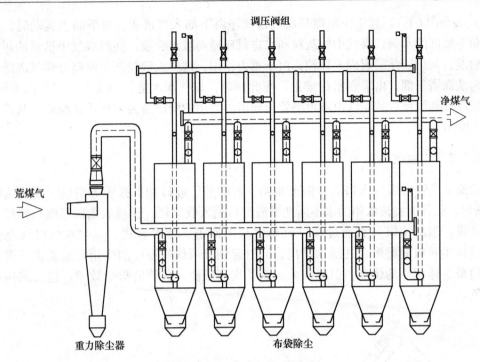

图 6-2 煤气干法除尘工艺流程

6.2 除 尘 设 备

6.2.1 粗除尘

重力除尘器是荒煤气进行除尘的第一步除尘装置，中心导入管为直形的重力除尘器的结构如图 6-3 所示。其工作原理是经下降管流出的荒煤气从重力除尘器上部进入，沿中心导入管下降，在中心导入管出口处流向突然倒转 180°向上流动，流速也突然降低，荒煤气中的灰尘因惯性力和重力的作用而离开气流，沉降到重力除尘器的底部，通过清灰阀和螺旋出灰器定期排出。重力除尘器的特点是结构简单，除尘率可达 80%~85%，出口的煤气含尘量为 2~10g/m³，阻损较小，只有 50~200Pa。

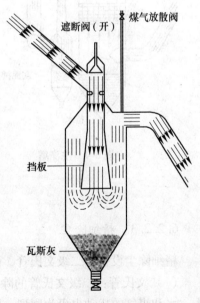

图 6-3 重力除尘器

6.2.2 半精细除尘

目前常用的半精细除尘设备是洗涤塔和一级文氏管。

6.2.2.1 洗涤塔

洗涤塔属湿法除尘，除尘效率达 80%~85%，它有两个作用：一个是冷却（把煤气冷却到 40°以下），另一个是除尘（可使煤气的含尘量

降到 $1.0g/m^3$ 以下）。其工作原理是煤气自洗涤塔下部入口进入，自下而上运动时，遇到自上向下喷洒的水滴，煤气中的灰粒和水进行碰撞而被水吸收，同时煤气中携带的灰尘被水滴润湿，灰尘彼此凝聚成大颗粒，由于重力作用，这些大颗粒灰尘便离开煤气流随水一起流向洗涤塔下部，由塔底水封排走。与此同时，煤气和水进行热交换，煤气温度降低。最后经冷却和洗涤后的煤气由塔顶部管道导出。常用的洗涤塔为空心式洗涤塔，其构造如图 6-4 所示。

6.2.2.2　溢流文氏管

溢流文氏管由煤气入口管、溢流水箱、收缩管、喉口和扩张管等组成，其构造如图 6-5 所示。工作时溢流水箱的水不断地沿溢流口流入收缩段，保持收缩段至喉口连续存在一层水膜，当高速煤气流通过喉口时与水激烈冲击，使水雾化，雾化水与煤气充分接触，使粉尘颗粒润湿聚合并随水排出，同时起到降低煤气温度的作用。溢流文氏管具有结构简单、体积小的优点，但阻损大。为了提高溢流文氏管的除尘效率，也可采用调径文氏管。

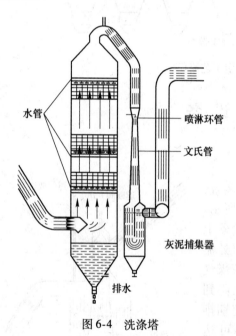

图 6-4　洗涤塔　　　　　　　　　图 6-5　溢流文氏管
1—煤气入口；2—溢流水箱；3—溢流口；
4—收缩管；5—喉口；6—扩张管

6.2.2.3　精细除尘

精细除尘设备有二级文氏管、静电除尘器、布袋除尘器等。

（1）文氏管：二级文氏管的除尘原理与溢流文氏管相同，只是煤气通过喉口的流速更大，水和煤气的扰动也更为剧烈，因此能使更细颗粒的灰尘被润湿而凝聚并与煤气分离。煤气的流速越大，耗水量越多，除尘效率越高。

（2）静电除尘器：其除尘原理是利用电晕电极放电，即含尘煤气通过两极间的高压电场时，由于电场不均匀，在电晕电极附近电场强度大，煤气通过时，被电离为正负两种离子，离子附着在尘粒上，也使尘粒带有电荷。在电场力的作用下，荷电粉尘移向电极，并与电极上的异性电中和，尘粒沉积在电极上。在干式电除尘器上，当灰尘达到一定的厚度时，电极板被捶击或振动，使尘粒脱离极板而落存于灰斗中；在湿式电除尘器上，则通过向电极表面喷水，使集尘电极上形成水膜，水往下流动而去除电极上的灰泥，灰泥收集于电除尘器下部，定期排出。

（3）干式布袋除尘器：它是利用织物对气体进行过筛的，能处理 $0.1 \sim 90 \mu m$ 的尘粒。当带有粉尘的气体通入箱体经过布袋时，借助于筛滤、惯性、拦截、扩散、重力沉降以及静电等诸多作用把粉尘沉积下来。当布袋上集尘层达到一定厚度时，阻力增大，需要用反吹的方法去掉集尘层。反吹是利用自身的净煤气或氮气进行的。反吹后的灰尘落到箱体下面的灰斗中，用螺旋输送机回收。它的优点是不用水，能减少脱水设备的投资，减少污染，还能提高煤气的发热值，除尘效果稳定，效率高（大于99.5%），但不能在高温下工作，要求煤气温度不大于350℃。

6.2.3 煤气系统附属设备

6.2.3.1 煤气输送管道

高炉煤气导出管的数目根据高炉容积而定，大中型高炉均沿炉顶封板四周对称布置4根，在上部每两根上升管合在一起，导出管与上升管处的煤气流速为 $5 \sim 7 m/s$。由上升管通向重力除尘器的一段为煤气下降管，煤气流速为 $6 \sim 10 m/s$，下降管应有不小于40°的倾角。

6.2.3.2 脱水器

高炉煤气经洗涤塔、文氏管等除尘设备湿法清洗后，带有一定的水分。水分不仅会降低煤气的发热值，而且水滴所带的灰尘又会影响煤气的实际除尘效果。所以必须用脱水器把水除去。常用的脱水器有挡板式、重力式、填料式及旋风式等。其工作原理是使水滴受离心力或本身的重力作用直接碰撞使水滴失去动能而凝集，与煤气分离。其结构如图6-6所示。

6.2.3.3 煤气系统的阀门

（1）煤气放散阀，是迅速地将高炉煤气排放到大气中的设备。

（2）煤气遮断阀与切断阀。当高炉休风时，煤气遮断阀能迅速将高炉与煤气系统分隔开来，它安装在高炉下降管与重力除尘器之间。为了把高炉煤气的清洗系统与整个钢铁企业的煤气管网隔开，在精细除尘设备的后面净煤气管道上装有煤气切断阀。

（3）煤气调压阀组，其用于高压操作的高炉调节炉顶煤气压力，安装在文氏管之后。高压操作时，鼓风机、冷风管道、热风炉、热风管道、高炉以及煤气除尘系统，都处于高压状态。在各调节阀的入口处，均设置有中心喷水装置，当煤气高速通过时，还能对煤气进行除尘和降温。因此，煤气压力调节阀不仅起着调节高炉炉顶压力的作用，还起着煤气除尘的作用。高炉煤气处理系统各阀门的位置如图6-7所示。

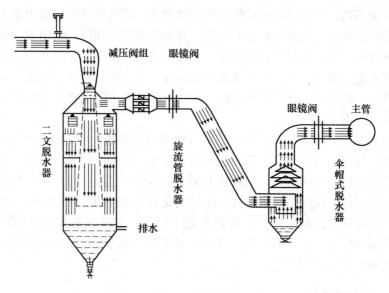

图 6-6　脱水器

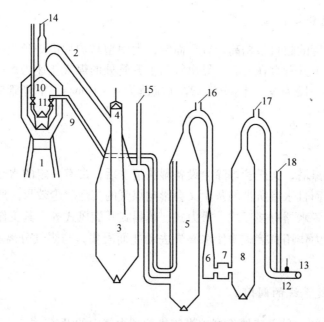

图 6-7　高炉煤气处理系统各阀门的位置

1—高炉；2—荒煤气管；3—重力除尘器；4—煤气切断阀；5—洗涤塔；6—文氏管；
7—高压阀组；8—脱水器；9—均压管；10—小钟均压阀；11—大钟均压阀；
12—叶形插板；13—煤气总管；14~18—各放散阀

6.2.3.4　重力除法器的清灰

重力除尘器的排灰装置是底部排灰口设置的一个清灰阀，一般采用螺旋出灰器。它通过开启清灰阀将高炉灰从排灰口经筒形给料器均匀给到出灰槽中，在螺旋推进的过程中加水搅拌，最后灰泥从下口排出落入车皮中运走，蒸汽则从排气管排出。

6.3 操 作

6.3.1 岗位职责

（1）负责高炉荒煤气的除尘及清灰工作。

（2）负责箱体的输卸灰工作。

（3）负责箱体布袋的更换工作。

（4）负责对布袋箱体的检漏及停箱检修操作。

（5）负责对设备的维护保养工作。

（6）负责设备卫生及室内外环境卫生的保持工作。

（7）预防除尘器煤气泄漏。

（8）负责本岗位操作情况、设备巡检情况、设备运转情况并做准确详实记录。

6.3.2 操作程序及要求

6.3.2.1 清灰操作准备

检查放灰车车门是否密封好；检查电机和钢丝绳的安全可靠性。

6.3.2.2 清灰操作内容

（1）放灰前作一次全面检查，发现问题及时处理。

（2）与高炉值班工长联系，经同意后方可放灰。

（3）在放灰除尘器下对好放灰车皮，放灰人员开始放灰。

（4）放灰时操作人员必须站在上风向位置，震打除尘器时必须关好放灰阀，防止煤气中毒和瓦斯灰烧伤，放灰完毕应检查除尘器放灰阀是否关好，严禁跑煤气。

（5）卸灰时，操作人员应站在车皮两端，以防瓦斯灰烫伤人。

（6）开卷扬机拉车皮时，必须有专人监护。

6.3.2.3 重力除尘器清灰操作

（1）清灰前的准备：

1）检查除尘器下面轨道，并清除障碍物，确保铁路畅通。

2）及时与厂调度联系运灰车。

3）灰车对位，并检查灰车有无漏灰处，否则应及时处理。

（2）清灰操作：

1）启动加湿卸灰机，转 2～3min。

2）先打开加湿卸灰机供水阀门，后打开除尘器放灰阀，调整灰量。

3）放净灰后必须先停止供水，加湿卸灰机运行 2～3min 后停止加湿卸灰机，关严清灰阀，严禁漏灰、漏气。

4）高炉长期休风时，必须提前放净灰，休风后打开灰阀，在复风引煤气时，见清灰阀冒煤气时关闭。

5）短期休风后不得放灰。

6）清灰结束后通知厂调度。

7）除尘器粉灰每天要及时排放干净，严禁存灰，当灰排不净时要及时汇报车间有关领导。

8）发现放灰阀关不严，煤气泄漏，必须及时处理。

6.3.2.4　布袋清灰操作

布袋除尘器的压差值达到规定值或规定的时间需进行反吹操作，根据布袋除尘器荒净压差值确定反吹周期时间，操作方式分自动反吹和手动反吹。

（1）反吹前的准备：

1）观察氮气压力，保持氮气反吹压力在规定值，要求稳定。

2）观察荒净煤气总管压差是否达到规定值，或其中某个箱体的煤气进出口管压差达到规定值。

3）确认各箱体的脉冲阀灵活好用。

（2）自动反吹操作：

1）选择操作方式，反吹控制开关打到自动位置，由微机程序控制。

2）当 PLC 荒净煤气压差达一定值时，接点信号发出，按程序对各个箱体依次进行反吹（当压差计有故障时，按 PLC 自动计时反吹）。各箱体的脉冲阀应错开工作，并只准停一个箱体。

3）当 PLC 计时接点信号发出，反吹自动停止。若单个箱体进、出口煤气压差仍然达规定值，则需单个箱体手动反吹。

4）选择自动反吹，操作由 PLC 自动控制完成。每个箱体依次完成，在自动运转中，除人工选择箱体外，其他箱体依次完成反吹—过滤操作。

（3）手动反吹操作：

1）将相应箱体的自动/手动转换开关打到手动操作位置。

2）荒净煤气压差值达规定值时，开始进行反吹。操作台上关荒净煤气蝶阀，开反吹脉冲阀，反吹完毕后，关反吹脉冲阀，就可进行手动单箱体反冲，依次对各箱体进行反吹。

3）当 PLC 计时接点信号发出，反吹自动停止。

无论采取何种方式反吹，都应仔细观察荒净煤气压差变化，效果不好应查找原因并处理。

（4）放散荒煤气反吹：

1）当氮气反吹系统出现故障、而又不能及时短时间恢复时，则要通过放散荒煤气进行反吹。因放散荒煤气反吹时，布袋承受压差较大，故反吹操作前需经车间主任同意后方可执行。反吹后必须严密监测该箱体，防止发生布袋顶起、泄漏事故。

2）在放散荒煤气反吹前，要先打开箱体放散液动球阀下面的手动闸阀后再进行反吹操作（因 4 号炉布袋箱体上的放散有手动闸阀，因此在放散荒煤气反吹时，必须先开闸阀然后进行反吹，若放散球阀密封较好，手动闸阀可长开）。

3）在放散荒煤气反吹时需先打开箱体放散的液动球阀，然后关闭箱体出口蝶阀进行反吹。采用多次、短时间关闭箱体出口蝶阀的方式进行反吹，以减少压力过大对布袋的损坏，箱体出口蝶阀的关闭时间小于1min。

4）待荒净煤气总管压差或箱体荒净煤气压差为2kPa时停止反吹，关闭放散液动球阀，打开煤气出口液动蝶阀。

5）当氮气反吹系统恢复正常后，停止放散荒煤气反吹操作，关闭放散管液动球阀下面的手动闸阀。

（5）手动操作排灰：

1）排灰操作在反吹操作前进行，排灰操作与反吹操作不能同时进行。

2）开中间仓上球阀。

3）根据计时确认粉灰排干净后，启动灰斗仓壁振动器，振动30s停止。

4）关闭中间仓上球阀。

（6）输灰操作：

1）根据计时确定输灰，具体操作时可根据灰量进行调节。

2）操作工与调度联系运灰车辆。

3）依次启动加湿卸灰机、斗式提升机、螺旋输送机，空转一定时间。

4）输灰前箱体进行反吹，使箱体下部存一定的灰量封闭煤气。

5）依次开下球阀、中间仓下给料机，待加湿卸灰机出灰时，立即给水。

6）根据灰量排放情况，停星形给料机，关下球阀。

7）启动中间仓电振一定时间后停止。

8）为减轻螺旋输送机的工作负荷，每次输灰以单个箱体进行。

9）输灰结束后，先停前部螺旋输送机，再停后部螺旋输送机，再停斗式提升机，停加湿卸灰机。

6.3.2.5　高炉短期休风停煤气操作

（1）封闭煤气途径，保证内部正压。

（2）高炉休风时间小于2h，可利用管网净煤气倒流充压方式进行短期切煤气，此时必须保证管网煤气压力大于3kPa，否则按长期切煤气处理。采用管网净煤气倒流充压操作步骤如下：

1）在切煤气前关闭该系统的各放散阀，严禁泄漏。

2）接到高炉值班工长切煤气通知后，待高炉切煤气，关闭重力除尘器遮断阀，操作完毕后，可采用管网净煤气倒流方法，关闭箱体，保持该高炉煤气系统内维持正压。

3）若布袋箱体系统压力低于2kPa，必须通氮气保持煤气系统正压。

4）短期休风采用净煤气倒流充压方式进行短期切煤气，则引煤气时可直接运行；否则应打开布袋荒煤气总管放散，待冒煤气后，依次打开箱体入口蝶阀，待箱体全部工作后，依次关闭重力除尘器放散、布袋荒煤气总管放散。

5）采用管网净煤气倒流充压操作时必须防止热风炉系统煤气泄漏或放散。

6）切煤气时间大于2h或布袋箱体压力小于1kPa时，应立即转为长期切煤气操作。

6.3.2.6　长期切煤气操作

（1）注意事项：

1）切煤气前进行反吹清灰操作，箱体灰斗、中间仓和输灰系统中的积灰要排放干净。

2）切煤气时，要逐个进行高炉煤气系统操作，不得同时进行，严禁几座高炉在同一段时间内切煤气，以防止煤气在管道局部聚集。

3）切煤气前与高炉、热风炉、调度室认真联系好，统一操作。

4）切煤气前未进行清灰、卸灰操作时，布袋除尘系统先按短期休风切煤气处理，待清灰、卸灰工作完毕（要求不超过 2h），转为长期切煤气。

（2）长期切煤气操作。高炉煤气管线阀门布置为：出布袋后总管上有盲板阀；并网前有盲板阀、蝶阀；去热风炉的煤气管线上有盲板阀、蝶阀控制。

1）热风炉系统出现问题需单独切煤气时。接到高炉值班工长通知后，调节并网煤气管道阀门，使煤气全部通往并网管道（防止高炉憋风），将去热风炉煤气管道上蝶阀、盲板阀关闭，布袋系统不用切煤气。如高炉有憋风现象，采取布袋荒净煤气总管放散措施，必要时通知热风炉进行重力除尘器放散，通知高炉操作室采取放散或减风措施。

2）布袋系统出现问题需切煤气时。高炉必须切煤气，需要时热风炉可利用并网管煤气烧炉。

①高炉操作室必须切煤气，操作顺序按热风炉系统出现问题需单独切煤气时的操作执行。高炉操作室切煤气时防止发生高炉憋风事故。

②高炉操作室切煤气完毕后，通知布袋进行切煤气操作。

③若热风炉不烧炉，则将去热风炉净煤气总管蝶阀、盲板阀关闭，关闭并网煤气管道上蝶阀、盲板阀。若热风炉需要继续烧炉，则仅关闭布袋后总管上的盲板阀，热风炉用管网煤气烧炉。

④关闭各工作箱体入口和出口煤气蝶阀，需进入箱体时必须关闭箱体入口和出口盲板阀。

⑤由高至低顺序打开煤气切断部位各放散阀。

⑥向布袋箱体、荒净煤气管道通氮气，驱赶煤气。关闭氮气，检修部位经 CO 含量检测合格后，方可进行检修。

⑦引煤气时按引煤气操作程序执行，注意确认布袋后总管上的盲板阀必须打开。

6.3.2.7　引煤气操作程序

（1）引煤气前的准备工作：

1）确认微机工作程序，并检查各单元阀门开关位置是否正确，应处于检修状态，动作是否准确可靠。

2）各放散管处于全开位置。

3）引煤气前 20min，向布袋箱体通氮气，向箱体以外的煤气管道通氮气，将空气驱赶干净，特殊情况下需向管道内通蒸汽，但须经主管厂长批准。

4）各警报器灵活正常，仪表运行准确。

5）各部位人孔封闭保持严密，爆发孔处于良好状态。

6）检修人员撤离现场。

7）高炉炉顶煤气压力达允许值时允许引煤气。

8）开各工作箱体的煤气入口盲板阀、出口盲板阀、净煤气总管和并网煤气盲板阀。

（2）引煤气操作：

1）当引煤气准备工作完毕后，通知高炉值班工长可以进行引煤气。

2）接到高炉值班工长引煤气通知后进行操作。

3）煤气管道内停止通氮气（蒸汽）。

4）在荒煤气总管煤气压力达到允许值时，关闭各箱体上的氮气阀，开箱体入口蝶阀。

5）当各箱体净煤气放散管冒煤气后，依次开各箱体出口煤气蝶阀。

6）关各箱体上的净煤气放散阀，关箱体放散球阀和手动闸阀。

7）待净煤气总管放散阀冒煤气后，依次打开净煤气总管和并网煤气电动蝶阀，关荒煤气总管末端放散、净煤气总管放散。

8）各高炉同时休风引煤气时，要逐个系统进行，一座高炉引煤气操作完毕后，另一座高炉才可引煤气，防止空气在管网局部聚集。

6.3.2.8 停箱体操作后的引煤气操作

（1）检查各部人孔是否密封严密，防爆孔是否处于良好状态，箱体各阀门开关位置是否正确。

（2）打开箱体入口和出口盲板阀。

（3）向箱体通氮气，将箱体空气赶净。

（4）关闭该箱体氮气，开箱体出口蝶阀，开箱体煤气入口蝶阀。

（5）待该箱体净煤气放散管冒煤气后，关闭该箱体净煤气放散阀，箱体正常工作。

6.3.2.9 特殊情况下的操作

（1）高炉紧急休风时，按短期休风切煤气程序处理。

（2）煤气系统残余煤气的处理，必须逐段隔断，逐段处理，不得留有死角煤气。

（3）当煤气系统停气、停电影响运行时，按短期休风切煤气程序处理。

（4）切煤气时间大于 2h 应转为长期切煤气操作。

（5）荒煤气温度超出规定值，若有特殊原因布袋不能切煤气，高炉执行切煤气操作。

6.3.3 布袋除尘器设备的检修、维护和保养

煤气除尘设备检修、维护和保养的基本内容包括：炉顶煤气温度控制，清灰和卸灰，煤气切断和检修、检漏，箱体内检修和安全注意事项等。

6.3.3.1 布袋除尘器煤气进口温度控制

当布袋除尘器煤气进口温度高于230℃时，应通知高炉降低炉顶煤气温度；当其温度高于280℃时，应通知高炉并进行切断煤气操作。

6.3.3.2　除尘布袋的堵塞

除尘布袋发生堵塞时，使阻力增高，可由压差计的读数增大表现出来。布袋堵塞是引起布袋磨损、穿孔、脱落等现象的主要原因。

除尘布袋堵塞后一般采取下列措施：

（1）暂时加强清灰，以消除布袋的堵塞。

（2）部分或全部更换布袋。

（3）调整安装和运行条件。

6.3.3.3　布袋除尘器滤袋日常维护

（1）正常运行过程中，建议每小时记录一次除尘室压差及除尘室入口温度。如有异常情况发生，应立即采取措施，加以解决。

（2）定期检查除尘器各电、气元件是否运转正常；定期检查气动元件用压缩空气质量，确保压缩空气干燥清洁。

（3）每工作班必须检查一次除尘器灰斗排灰情况，确保灰斗积灰不超过灰斗1/3高度。

（4）应随时监视排放情况，如发现烟囱冒灰，说明烟气短路，有掉袋或破袋现象出现，应及时查明并作出处理。

（5）经常检查脉冲用压缩空气的压力，确保除尘器清灰压力在标准范围内。

（6）定期对脉冲喷吹管的位置进行检查及必要的维护，避免由于脉冲喷吹管松动、走位、连接脱落而造成脉冲喷嘴中心与滤袋孔中心相偏差，导致滤袋损坏。

（7）经常检查除尘器各分室管道是否有粉尘堵塞现象，以及烟气挡板是否运行完好。

（8）经常检查除尘器分隔室门的密封情况，确保所有密封条件良好，不会发生泄漏。

（9）一旦发现有滤袋破损，必须及时更换滤袋或封塞处理并记录该位置。

6.3.3.4　清灰和卸灰的检修

清灰和卸灰的检修包括其准备工作及安全操作等事项。

清灰前的准备工作：检查除尘系统的设备、电器、信号显示器等是否完好，如发现缺陷应及时通知有关人员检修。清灰的操作可分自动和半自动清灰。自动清灰，可将控制操作手柄，出口蝶阀打到自动位置。当自动失灵时，将出口蝶阀打到手动位置操作。根据各箱体工作程序，依次操作脉冲及出口蝶阀。当主管压力大于炉顶压力时，及时通知切断煤气，全关出口蝶阀。煤气压力大于 10kPa 时，打开各放散阀；规定箱体煤气流量达到 1200m³/h，布袋入口温度达到 100～280℃；如果出现中高料位将卸灰球阀打开，向中间灰斗卸灰。

卸灰前的准备工作：检查中间灰斗料位，打开中间灰斗上部气动球阀卸灰，完成卸灰，开清堵氮气阀，关中间灰斗。卸灰操作：用气动螺旋卸灰机、斗式提升机、加湿搅拌机将灰逐个箱体输送并集中到大灰仓，开加湿搅拌机水管阀门，开叶轮给料机，根据下灰量、湿度、扬土程度，微调加湿水量。卸灰仓空 15min 后，停加湿水，并关闭机器。

6.3.3.5 煤气切断和检修

当高炉休风时，关闭煤气总管进出口眼镜阀，这时煤气管道和设备用氮气吹扫，不能用蒸汽。在不影响其他除尘器的正常运转情况下，当某一个布袋除尘器需检修时，关闭降尘器进出口管的眼镜阀。在没有湿式清洗系统作备用的情况下，应留两个布袋除尘器作备用，一个清灰，另一个检修。

要重视布袋除尘器的安全可靠性，采用微机处理进行控制和运算，布袋除尘器装置不能影响高炉生产，可在重力除尘器后的荒煤气管道上设煤气放散装置，为加强对布袋除尘器维护检修的安全，煤气切断设备应采用密封性能好和操作方便的阀门。

6.3.3.6 检漏

检漏工作很重要，它关系着煤气质量的好坏。检漏方法可分两种：一种是根据含尘量的变化，当对布袋除尘器逐个清灰时，总管出口煤气含尘量增高，而只对一个布袋除尘器清灰时，含尘量较低，据此就可判定此除尘器的布袋有损漏；另一种是利用自动检漏仪检漏。

除尘检漏仪工作原理：在流动粉体中，颗粒与颗粒、颗粒与布袋之间因摩擦碰撞产生静电荷，其电荷量的大小即反映粉尘含量的变化，检漏仪就是利用测量电荷量的大小变化，来判断布袋除尘系统是否有损漏的。

当出现下列情况之一时，就可判断该箱体布袋有破损：

(1) 该箱体出口的自动检漏仪发出布袋破损声光报警信号；

(2) 该箱体出口的流量显示值明显超出正常值。

操作人员必须认真详细记录检测情况和时间，如果发现布袋有破损，应立即通知有关人员，停止该箱体运行。

6.3.3.7 进箱体内检修操作及安全事项

(1) 停箱体操作：

1) 停箱体前，先按清灰操作程序前1、2步进行清灰，而后关闭该箱体进气管道上的切断蝶阀、盲板阀和出气管道上的盲板阀。

2) 打开该箱体放散阀。

3) 打开该箱体上下人孔，使其自然通风，凉箱。

4) 经煤气防护人员测试CO含量合格后方可进入箱体内工作。

(2) 进箱体内检修的注意事项：

1) 检修箱体，必须可靠地切断煤气，经煤气检测人员确认安全后方可工作。

2) 进入箱体内，必须两人以上，由专人指挥。

3) 检修未完任何人不得关箱体人孔。

4) 关闭箱体人孔必须在检修工作完毕后，再检查箱体内是否有人或工具杂物，确认无误后方可关上人孔。

5) 多箱体检修时必须分工明确，检修完毕时要清点人数。

6) 在箱体平台上从事一小时以上工作时，必须对平台空气作CO含量测定，并携带氧气呼吸器备用，严禁一人在平台作业。

6.3.3.8　更换布袋操作

（1）确认布袋破损；

（2）准备好各种工具及新布袋、骨架；

（3）反吹该箱体2~3遍；

（4）停该箱体，按单箱体停煤气操作进行；

（5）关闭反吹氮气包阀门；

（6）开上下人孔，安装轴流风机吹，当下人孔温度低于50℃时，经煤气防护人员检测，箱体内部CO含量合格即可换布袋；

（7）卸下反吹管，拆除布袋卡，分段抽出布袋骨架及破损布袋；

（8）清除积灰；

（9）装新布袋时首先检查布袋质量，折损、跳线等不合格布袋不得使用；

（10）装新合格布袋，上档卡、布袋卡，安装骨架，骨架间连接好，上帽口，安装反吹管，反吹管要紧固防止松动、错位；

（11）清理格板上部积灰及灰仓内残留布袋的垃圾；

（12）确认人员全部撤出后封堵人孔，拧紧螺丝；

（13）开箱体，按单箱体引煤气操作。

6.3.4　除尘设备的点检项目及内容

6.3.4.1　重力除尘器

A　煤气遮断阀

（1）填料密封有无跑风现象，阀拉杆磨损程度，拉杆连接件是否可靠；

（2）滑轮组转动是否灵活，钢丝绳磨损断股程度。

B　遮断阀卷扬机

（1）减速机油位是否到位，减速机轴承有无异响；

（2）电机地脚螺栓是否松动，轴承有无异响，电机温度有无异常。

C　煤气放散阀

（1）阀座、阀盖磨损程度，胶圈是否损坏；

（2）开关是否灵活到位，关闭时是否有跑煤气现象。

D　煤气放散阀卷扬机

（1）减速机油位是否到位，减速机轴承有无异响；

（2）电机地脚螺栓是否松动，轴承有无异响，电机温度有无异常。

E　泄灰球阀

（1）连接螺栓是否松动；

（2）密封垫是否损坏跑煤气；

（3）球阀密封口是否损坏，开关是否到位，电动装置是否完好。

6.3.4.2 布袋除尘

A 泄灰系统

（1）泄灰球阀：

1）球阀开关是否到位，转动是否灵活，气动执行机构动作是否正常。

2）泄灰时有无跑灰现象，本体密封是否严密，密封是否损坏。

3）气动换向阀是否正常，供气管路有无泄漏。

4）电磁换向阀工作是否正常，接头是否漏气、气源管是否损坏。

（2）叶轮给料机：

1）摆线减速机转动是否正常，有无漏油现象，是否缺油。

2）叶轮转动是否灵活、有无异响。

3）壳体是否磨漏，法兰密封是否损坏跑灰。

（3）螺旋输送机：

1）输送机运行时有无异响。

2）减速机运行时有无异响、是否缺油。

3）电机轴承有无异响，温度是否过高。

4）输送机轴承有无异响，中间吊挂连接套有无异响，磨损是否严重，上盖密封有无跑灰现象。

5）输送机叶片磨损程度。

（4）斗式提升机：

1）电机运行时有无异响，温度有无异常。

2）减速机运行时有无异响、是否缺油，地脚螺栓有无松动。

3）联轴器柱销磨损程度，滑块联轴器有无磨损，联轴器安装位置是否同心。

4）主动轮转动是否灵活，轴承有无异响。

5）从动轮是否完好，调节丝杠转动是否灵活。

6）链条、灰斗磨损变形程度，有无跑灰现象。

B 布袋箱体

（1）箱体：

1）人孔盖板密封是否严密，有无跑煤气现象。

2）布袋是否损坏。

3）防爆孔板是否腐蚀、爆破。

4）进出口煤气管道腐蚀是否严重，有无跑煤气现象。

（2）电动蝶阀：

1）开关是否到位，转动是否灵活。

2）阀体有无损坏磨漏，法兰密封是否损坏、跑煤气。

3）电动装置是否完好，转动是否灵活。

（3）电动翻板阀：

1）开关是否到位，转动是否灵活。

2）阀体有无损坏磨漏，法兰密封是否损坏、跑煤气。

3）电动装置是否完好，转动是否灵活。

4）硅胶圈是否老化。

5）电动加紧装置是否完好，转动是否灵活。

6）补偿器有无裂纹、有无跑煤气等。

6.3.4.3　反吹系统

（1）氮气反吹管腐蚀是否严重，有无跑煤气现象。

（2）脉冲阀动作是否正常，膜片是否损坏。

（3）手动球阀开关是否灵活。

6.3.4.4　荒净煤气管道

（1）荒净煤气主管道有无腐蚀、泄漏、跑煤气。

（2）荒净煤气支管有无腐蚀、泄漏、跑煤气。

（3）荒净煤气电动球阀转动是否灵活，开关是否到位，电动装置是否完好。

（4）球阀密封是否严密，密封是否损坏，有无跑煤气现象。

（5）箱体放散管道是否腐蚀严重、泄漏、有无跑煤气。

6.3.4.5　箱体放散球阀

（1）电动球阀转动是否灵活，开关是否到位，电动装置是否完好。

（2）球阀密封是否严密，密封是否损坏，有无跑煤气现象。

6.3.4.6　调压阀组

（1）法兰连接螺栓是否松动。

（2）法兰连接处密封是否损坏、跑煤气。

（3）调节阀阀板与阀轴紧固螺栓是否松动、脱开。

（4）调节阀轴填料是否损坏，填料压盖螺栓是否松动。

（5）连接管道、阀组本体有无磨漏、跑煤气。

6.3.5　煤气事故预防及处理

6.3.5.1　煤气防爆措施

（1）煤气爆炸的条件：

1）混合气体比例：46%～62%的高炉煤气和54%～38%的空气混合时，具有最大的爆炸能力。

2）着火温度：530～658℃，而矿粉、热的耐火材料、镍、铜和一些金属氧化物能起接触剂（传热）的作用。

（2）煤气爆炸的原因：

1）高炉休风后，随着炉顶温度和煤气管道温度的降低，以及煤气由炉顶和管道的缝隙逸出，导致炉顶和煤气管道中的煤气压力降低，产生负压，从而将空气吸入，形成爆炸性的混合气体，而炉顶温度就是火源，或遇明火，引起炉顶或煤气管道爆炸。

2）重力除尘器或布袋箱体体积很大，一旦形成爆炸性混合气体，且遇高温或明火，最容易发生煤气爆炸。

3）热风炉在烧炉过程中一旦熄火，就会形成大量的爆炸性混合气体，而热风炉内部本身就具备着火温度，或遇明火引起热风炉爆炸。

4）若大量的爆炸性混合气体进入烟道，极易发生烟道或烟囱爆炸。

（3）防爆的具体措施。为了预防产生爆炸性的混合气体，在高炉休风前必须向炉顶及煤气管道通氮气（或蒸气），既可保证正压，又可冲淡煤气浓度，从而减小爆炸的可能性。针对休风时间和休风原因的不同，采取的措施也不相同。

1）在长期休风或整个煤气系统有检修任务的情况下，在高炉休风前必须向炉顶、重力除尘器、布袋箱体及荒净煤气管道通氮气（或蒸气），然后打开炉顶、重力除尘器、布袋箱体及荒净煤气管道放散阀，再关闭重力除尘器遮断阀和布袋箱体荒净煤气盲板阀，然后休风。如果只有一座高炉向外网供应煤气，停气前必须通知总调。在高炉切断煤气的同时，通知总调，关闭通向外网煤气管道（包括热风炉）的盲板阀及各用户末端切断阀，再打开各用户的末端放散阀，然后通入氮气（或蒸气）。

2）在短期休风且无煤气系统检修任务的情况下，只需向炉顶、重力除尘器通入氮气（或蒸气）即可，然后打开炉顶、重力除尘器放散阀，再关闭重力除尘器遮断阀，然后休风。特别强调：在外网煤气系统没有检修和动火任务的情况下，只需关闭布袋箱体荒净煤气盲板阀和通知总调安排各煤气用户关闭各自的煤气末端切断阀即可，不需要关闭通向外网的盲板阀和打开各用户煤气管网的末端放散阀，也不需要通氮气（或蒸气），依靠系统煤气保压即可。

3）高炉炉顶有检修任务时，必须进行炉顶点火，在此情况下炉顶不能通入氮气（或蒸气），否则会影响炉顶点火。

6.3.5.2 防止煤气中毒

高炉煤气无色无味，所含的 CO、CO_2 和 CH_4 均不同程度对人有害。高炉煤气中含 CO $22\% \sim 28\%$，CO 与人的血红蛋白相结合，使血液失去输氧能力。

6.3.5.3 煤气中毒事故处理

发现煤气中毒现象时，轻者远离取样现场，立即到通风良好处；中毒较重者，立即找通风良好的地方，进行人工呼吸，仍无效则应马上通知医生进行抢救。

6.3.5.4 注意事项

（1）进入煤气区作业，不得少于两人，并指定专人负责安全。

（2）开卷扬拉车皮前必须检查线路运行是否安全；拉车皮时必须有专人监护，不得违章作业。

（3）清完灰后必须检查现场有无煤气泄漏，发现问题及时处理。

（4）清完灰后应填写估计灰量。

思 考 题

（1）简述评价煤气除尘设备的主要指标及对高炉煤气除尘的要求。

（2）布袋除尘器煤气进口温度应如何控制？

（3）简述除尘布袋的堵塞原因及采取的措施。

（4）布袋除尘器滤袋应如何进行日常维护？

（5）进箱体内检修的注意事项有哪些？

（6）休风时为什么煤气设备内要通蒸汽？

（7）煤气着火有哪些必要条件？

（8）什么是煤气爆炸？引起煤气爆炸的原因是什么？防爆的措施有哪些？

（9）如何预防及处理煤气中毒？

（10）根据生产单位的技术条件、设备条件和各种操作规程，完成高炉除尘系统的清灰操作。

实训项目7　高炉配管工（冷却）岗位操作

实训目的与要求：

(1) 知道冷却系统的种类、结构、分布和作用；

(2) 能够准确进行冷却参数的检测；

(3) 能够判断冷却器漏水、结垢、堵塞方法；

(4) 能准确判断和处理漏水、结垢、堵塞等故障；

(5) 能够进行特殊炉况下冷却设备的操作。

7.1　基　础　知　识

7.1.1　高炉冷却

在高炉生产过程中由于炉内反应产生大量的热量，任何耐火材料都难以承受这样的高温作用，必须对其炉体进行合理的冷却，同时对冷却介质进行有效的控制，以便达到有效的冷却，使之既不危及耐火材料的寿命，又不会因为冷却元件的泄漏而影响高炉的操作。

7.1.1.1　高炉冷却的目的

(1) 降低炉衬温度，延长高炉寿命并保证安全生产；

(2) 维护合理操作炉型；

(3) 形成保护性渣皮、铁壳石墨层，延长炉衬使用寿命；

(4) 保护炉壳、支柱等金属结构，防止在高温区工作的部件损坏。

7.1.1.2　冷却介质

根据高炉不同部位的工作条件及冷却的要求，所用的冷却介质也不同，一般常用的冷却介质有水、空气和气水混合物，即水冷、风冷和汽化冷却。对冷却介质的要求是：有较大的热容量及导热能力；来源广、容易获得、价格低廉；介质本身不会引起冷却设备及高炉的破坏。

高炉冷却用冷却介质主要是水，很少使用空气。因为水热容量大，热导率大，便于输送，成本低廉。水—汽冷却汽化潜热大、用量少，可以节水节电，又可回收低压蒸汽，适于缺水干旱地区。空气热容小，导热性不好，热负荷大时不宜采用，而且排风机消耗动力大，冷却费用高。以前曾采用风冷炉底，现在也被水冷炉底所代替。

冷却系统与冷却介质密切相关，同样的冷却系统采用不同的冷却介质可以得到不同的冷却效果。因此，合理地选定冷却介质是延长高炉寿命的措施之一。现代化的大型高炉除使用普通工业净化水冷却或强制汽化冷却外，也开始使用软水或纯水密闭循环冷却。而且对水的纯度要求越来越严格，根据不同处理方法所得到的冷却用水分为普通工业净化水、软水和纯水。

A　水

（1）普通工业净化水。

特点：

1）成本低；

2）若水质净化不好，在温度的作用下形成水垢，使冷却效果变差，严重时导致冷却设备烧坏。

（2）软化水。将钠离子经过离子交换剂与水中的钙、镁离子进行置换，而水中其他的阴离子没有改变，软化后水中碱度未发生改变，水中含盐量比原水略有增加。

（3）纯水（脱盐水）。纯水的水质指标比软化水好，是理想的冷却介质，它在受热后无沉积物出现，水呈弱碱性，可防止产生苛性脆化的可能性，同时水中除掉了 CO_2，也可避免在冷却系统中对铜及铜合金零部件产生腐蚀。

B　风

导热性差，成本高，安全可靠。

C　气水混合物

（1）利用接近饱和温度的软化水在冷却器内汽化时大量吸热，来达到冷却目的。

（2）特点：

1）汽化潜热大，节约能源；

2）可回收低压蒸汽；

3）汽化冷却在冷却器内本体温度较高时，循环不稳定。

7.1.2　冷却水的管理

高炉冷却水是高炉生产至关重要的一部分。

7.1.2.1　备用水源

为防止高炉在正常生产时突然停电、停水造成冷却设备烧损，所以用于高炉给水泵的电源必须设有保安电源，在突然停电时使用保安电源，使高炉供水正常。也可采用高位蓄水池，高位蓄水装置的高度，最低限度不可低于风渣口的供水的高度，其目的在于短时间停水、停电时确保风渣口各套的安全。

7.1.2.2　水的消耗量

冷却水消耗量与热负荷、进出水温度差有关。高炉冶炼过程中在某一段特定时间内（炉龄的初期、中期和晚期等）可以认为热负荷是常数，那么冷却水消耗量与进出水温度差成反比，提高冷却水温度差，可以降低冷却水消耗量。

7.1.2.3　入水温度规定

在一般情况下，用于高炉的冷却水，进水温度不高于 32℃（夏季不高于 35℃）。如果进水温度过高，水在高炉冷却器中产生局部沸腾现象或产生气阻，使冷却设备烧损，还会使水中的钙盐与镁盐很快沉淀下来，形成导热性极差的水垢，使进水量减少冷却效果变差，有时甚至导致冷却设备烧坏。

7.1.2.4 悬浮物规定

用于高炉的冷却水，因净化手段不同，净化的程度也不同，对于高炉冷却水，一般以自然沉淀所能达到200mg/L考虑，在洪水期间可适当放宽。水中悬浮物对高炉冷却影响极大，当颗粒物进入冷却器中，会使水速减慢，水中悬浮物沉淀黏结于冷却器内壁上，使冷却效果变差，要消除其对冷却效果的影响，一是清洗，二是提高水流速。

7.1.2.5 水压规定

降低冷却水流速，可以提高冷却水温度差，减少冷却水消耗量。但流速过低会使机械混合物沉淀，而且局部冷却水可能沸腾。冷却水流速及水压与冷却设备结构有关。

确定冷却水压力的重要原则是冷却水压力大于炉内静压，防止个别冷却设备烧坏时煤气进入冷却系统。一般高炉风口冷却水压力比热风的压力高0.10MPa，炉身部位冷却水压力比炉内静压高0.05MPa。

在一般情况下，用于高炉冷却水的供水压力，风口区以上部位压力应大于该部位煤气压力$0.3 \sim 0.5 kg/cm^2$为宜；风渣口及各套水压大于该部位煤气压力$0.8 \sim 1.0 kg/cm^2$为宜；炉缸炉底的供水压力应为$2.5 kg/cm^2$。

7.1.2.6 硬度规定

一般情况下水的硬度用pH值表示，即水的侵蚀性，与pH有关，pH值越小，侵蚀性越大。因此冷却水的pH值在$6.5 \sim 7.5$之间，水的硬度控制在中性为宜。供水单位要做好水质处理工作，确保好的水质，以利于高炉的冷却。

7.1.3 水温差及热流强度的规定

水沸腾时，水中的钙离子和镁离子以氧化物形式沉淀产生水垢，降低冷却效果。因此，应避免冷却设备内局部冷却水沸腾，采用的方法是控制进水温度和控制进出水温差。进水温度一般要求应低于35℃，由于气候原因，也不应超过40℃。而出水温度与水质有关，一般情况下工业循环水的稳定温度不超过$50 \sim 60℃$，即反复加热时水中碳酸盐沉淀的温度，否则钙、镁的碳酸盐会沉淀，形成水垢，导致冷却设备烧坏。我国部分高炉各部分水温差允许范围见表7-1。

表7-1 高炉各部分水温差允许范围

炉容/m³	炉身上部/℃	炉身下部/℃	炉腰/℃	炉腹/℃	风口带/℃	炉缸/℃	风渣口大套/℃	风渣口二套/℃
620	10 ~ 14	10 ~ 14	8 ~ 12	8 ~ 12	3 ~ 5	<4	3 ~ 5	3 ~ 5
>1000	10 ~ 15	8 ~ 12	7 ~ 12	7 ~ 10	3 ~ 5	<4	5 ~ 6	7 ~ 8

7.1.4　高炉给排水系统

高炉在生产过程中，任何短时间的断水，都会造成严重的事故，高炉供水系统必须安全可靠。为此，水泵站供电系统必须有两路电源，并且两路电源应来自不同的供电点。为了在转换电源时不中断供水，应设有水塔，塔内要储有 30min 的用水量。泵房内应备有足够的备用泵。由泵房向高炉供水的管路应设置两条，串联冷却设备时要由下往上，保证断水时冷却设备内留有一定水量。

一般高炉给排水的工艺流程是：水源→水泵→供水主管→滤水器→各层给水围管→配水器（分配水进各冷却设备）→冷却设备及喷水管→环形排水槽、排水箱→排水管→集水池（蒸发 2%~5%）。

7.1.5　冷却系统

高炉冷却系统可分为汽化冷却系统、开式工业水循环冷却系统、软（纯）水密闭循环冷却系统，目前国内外的很多高炉都采用开式工业水循环冷却系统。但是从发展的情况看，国内外已有不少高炉采用软（纯）水密闭循环冷却系统，并取得了高炉长寿、低耗的显著效果。

所谓开式工业水循环冷却系统，是指其降温设施采用冷却塔、喷水池等设备，靠蒸发制冷的系统。这种冷却系统致命的弱点是在冷却设备的通道壁上容易结垢，这些水垢是造成冷却设备过热烧坏的重要原因。为了克服冷却设备上结垢带来的危害，一般采用清洗冷却设备内水垢方法和控制进出水温差的办法。但是这样会对生产、经济不利，并会造成环境污染。

高炉软水密闭循环系统是一个完全密闭的系统，用软水作为冷却介质。软水由循环泵送往冷却设备，冷却设备排出的冷却水经膨胀罐送往空气冷却器，经空气冷却器散发于大气中，然后再经循环泵送往冷却设备，由此循环不已。

软水密闭循环系统的特点有：

（1）工作稳定。由于冷却系统内具有一定的压力，所以冷却介质具有较大的过冷度。例如，当系统压力为 0.15MPa 时，水的沸点为 127℃，系统中回水最高温度是膨胀箱内温度，一般控制在不大于 65℃，此时过冷度为 62℃，通常过冷度不大于 50℃ 时，不会产生蒸汽和汽塞现象。

（2）冷却效果好，高炉寿命长。该系统使用的冷却介质是软（纯）水，是经过化学处理除去水中硬度和部分盐类的水。这就从根本上解决了在冷却水管或冷却设备内壁结垢的问题，保证有效冷却并能延长冷却设备的寿命。

（3）节水。因为整个系统完全处于密闭状态，所以没有水的蒸发损失，而流失也很少。根据国内外高炉的操作经验，正常时软水补充量仅为循环流量的 0.1%。

（4）电能耗量低。闭路系统循环水泵的扬程仅取决于系统的阻力损失，不考虑供水点的位能和剩余水头。因此，软水密闭循环系统的总装机容量为开式循环系统的 2/3 左右。

7.2 主要设备

7.2.1 高炉本体组成

高炉本体包括高炉基础、钢结构、炉衬、冷却设备、送风装置和检测仪器设备以及高炉炉型设计等。高炉的大小用高炉有效容积表示，高炉有效容积和高炉座数表明高炉车间的规模。高炉本体结构的先进、合理是实现优质、低耗、高产、长寿的先决条件，也是高炉辅助系统设计和选型的依据。

7.2.1.1 钢结构

高炉钢结构包括炉体支承结构和炉壳。

高炉炉壳用高强度钢板焊接而成，起承重、密封煤气和固定冷却器的作用。对无料钟炉顶，旋转溜槽、中心喉管等重量由炉壳支承。料罐、受料漏斗、密封阀、上升管等设备重量通过炉顶框架支承在炉顶平台上，炉顶平台的所有重量再由大框架传递给基础。大框架自立式结构的优点是风口平台宽敞，炉前操作方便，利于风口平台机械化作业。

7.2.1.2 炉衬

高炉炉衬由耐火砖砌筑而成，由于各部分内衬工作条件不同，采用的耐火砖材质和性能也不同。

炉身中上部炉衬主要考虑耐磨性，炉身下部和炉腰主要考虑抗热震破坏和碱金属侵蚀的性能，炉腹主要考虑抗高 FeO 的初渣侵蚀的性能，炉缸、炉底主要考虑抗铁水机械冲刷和耐火砖的差热膨胀性能。

目前，大型高炉上部以碳化硅和优质硅酸盐耐火材料为主，中部以抗碱金属能力强的碳化硅砖或高导热的炭砖为主，高炉下部以高导热的石墨质炭砖为主。

炉衬寿命将随着冶炼条件而变，但最薄弱的环节应在炉底（含炉缸）和炉身。

7.2.1.3 冷却设备

由于高炉内部反应产生大量的热量，任何炉衬材料都难以承受这样的高温作用，必须对其炉体进行合理的冷却，以起到保护炉壳、对耐火材料冷却支撑、维护合理的操作炉型的作用，甚至当耐火材料大部分或全部被侵蚀后，能靠冷却设备上的渣皮继续维持高炉生产。图 7-1 为安装在炉体上的冷却设备。

7.2.1.4 送风装置

送风装置包括热风围管、支管、直吹管、风口大套、风口二套和小套。

热风围管与连接热风炉的热风总管相连，在热风围管上均匀分布着数十套送风支管，

图 7-1　安装在炉体上的冷却设备

直吹管将送风支管和风口小套紧密连接在一起。

7.2.2　高炉炉衬

7.2.2.1　高炉炉衬的作用

按照设计炉型，以耐火材料砌筑的实体为高炉炉衬，如图 7-2 所示。

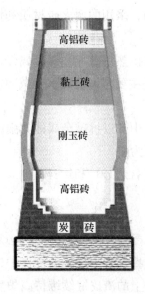

部位	炉底	炉缸	炉腹	炉腰	炉身上部	炉身下部	料线区
材质	周边下部为炭砖；上部为黏土砖，最底层为碳化硅砖	炭砖及其保护层——高铝砖	刚玉砖＋黏土砖	同炉腹	同炉腹	黏土砖	高铝砖

材质	碳化硅质	石墨碳化硅质	碳化	高铝质	黏土质
抗碱性	优	一般	一般	良	劣
抗铁水侵蚀	优	优	劣	良	一般
抗 FeO 侵蚀	良	良	一般	一般	一般
抗 CaO 侵蚀	良	优	优	良	一般
耐磨性	优	一般	一般	优	一般
抗氧化性	良	一般	劣	优	优

图 7-2　炉衬结构

炉衬的作用：

（1）构成高炉的工作空间；

（2）减少高炉的热损失；

（3）保护炉壳和其他金属结构免受热应力和化学侵蚀。

7.2.2.2 高炉炉衬的工作条件及破坏机理

高炉炉衬的寿命决定高炉一代寿命的长短。高炉内不同部位发生不同的物理化学反应，所以需要具体分析各部位炉衬的破损机理。高炉炉衬的侵蚀如图7-3所示。

图 7-3　炉内炉衬的侵蚀

A　炉底

（1）工作环境：长期处于高温和高压条件下。

（2）侵蚀状况：炉底破损分两个阶段，第一阶段是铁水渗入将砖漂浮而形成锅底形深坑。

铁水渗入的条件为：一是炉底砌砖承受着液体渣铁、煤气压力、料柱重量的10%~12%；二是砌砖存在砖缝和裂缝。第二阶段是熔结层形成后的化学侵蚀。铁水中的碳将砖中二氧化硅还原成硅，并被铁水所吸收。

（3）影响因素：

1）承受的高压；

2）高温；

3）铁水和渣水在出铁时的流动对炉底的冲刷；

4）砖衬在加热过程中产生温度应力引起砖层开裂；

5）在高温下渣铁对砖衬的化学侵蚀，特别是渣液的侵蚀更为严重。

B　炉缸

（1）工作环境：与炉底上部类似。

（2）影响因素：

1）渣铁的流动、炉内渣铁液面的升降以及大量的煤气流等高温流体对炉衬的冲刷是主要的破坏因素；

2）化学侵蚀；

3）高温：风口带为最高温度区。

C　炉腹

（1）高温热应力作用很大；

（2）由于炉腹倾斜，所以需承受料柱压力和崩料、坐料时冲击力的影响；

（3）初渣的化学侵蚀。

D　炉腰

（1）初渣的化学侵蚀；

（2）上、下折角处高温煤气流的冲刷磨损；

（3）高温热应力的影响。

E　炉身

炉身中下部：

（1）热应力的影响；

（2）初渣的化学侵蚀；

（3）碱金属和锌的化学侵蚀。

炉身上部：

（1）下降炉料的磨损；

（2）夹带着大量炉尘的高速煤气流的冲刷。

F　炉喉

炉喉会受到炉料落下时的撞击作用，因此需用金属保护板加以保护，又称炉喉钢砖。

G　影响炉衬寿命的因素

炉衬的侵蚀主要是由于化学侵蚀、热震和机械磨损等综合因素造成的。

化学侵蚀是指氧化、碳的沉积、碱蒸气和碱冷凝液、炉渣及热金属的侵蚀所产生的化学作用。

热震是指耐火材料的热面温度高于其材料本身的反应停止温度，或者说达到了临界反应温度后，因炉况变化温度波动所形成的热应力的作用。

机械磨损是指炉内煤气流中所带颗粒对炉衬的冲刷、炉料下降对炉墙的磨损和炉墙渣皮脱落对下面炉衬的冲击。

在实际生产中高炉炉况是不可能长期不变的，炉况的波动就会引起温度的波动，对耐火材料就产生了热冲击。当热冲击的温度高于耐火材料的反应停止温度，且冲击的次数超过了耐火材料能够承受的能力，就必然产生应力裂纹。裂纹的扩大会使冷却壁与耐火材料的热面之间形成间隙，热阻增大而阻碍了热传递，使热面温度进一步提高，促使耐火材料出现裂缝。当已有裂缝的耐火材料承受不了外力时，原来形成的渣皮必然将黏附在一起的耐火材料破裂层脱落掉，使新的耐火材料暴露在炉内而承受新的热冲击。同时，耐火材料的应力裂缝又促使碱蒸气和冷凝物有机会接触到耐火材料的内表面，更加快了砖内部的化学侵蚀。随着时间的推移，热冲击、化学侵蚀以及渣皮的脱落将使炉衬厚度逐渐减薄，最后全部被侵蚀掉，使冷却壁暴露在高炉内部环境中。当冷却壁受到与耐火材料相同的温度冲击时，铸铁的表面同样也会产生裂纹和散裂，最后导致损坏。由此可见，高炉炉衬只能抵抗化学侵蚀是不够的，还要能够抵抗热冲击。我国目前的耐火材料，在温度大幅度波动情况下都承受不了高炉内部的热冲击，这也是高炉寿命低的原因。

H　决定炉衬寿命的因素

（1）炉衬质量是关键因素，主要包括耐火砖的化学成分、物理性质和外形公差。

（2）砌筑质量。

（3）操作因素，包括开炉时的烘炉质量和炉渣性质、正常操作时各项操作制度是否稳定且合理。

（4）炉型结构尺寸是否合理。

7.2.2.3　高炉常用耐火材料

A　对耐火材料的要求

（1）耐火度要高。耐火度是指耐火材料开始软化的温度。

（2）荷重软化点要高。荷重软化点是指将直径 36mm、高 50mm 的试样在 0.2MPa 荷载下升温，当温度达到某一值时，试样高度突然降低，这个温度就是荷重软化点。

（3）Fe_2O_3 含量要低。

（4）重烧收缩要小。重烧收缩也称残余收缩，是表示耐火材料升至高温后产生裂纹可能性大小的一种尺度。

（5）气孔率要低。

（6）外形质量要好。

B 种类

（1）陶瓷质材料：黏土砖、高铝砖、刚玉砖和不定型耐火材料等。

（2）碳质材料：炭砖、石墨炭砖、石墨碳化硅砖、氮结合碳化硅砖等。

C 黏土砖

基本特性：

（1）良好的物理机械性能。

（2）抗渣性好。

（3）成本较低。

D 高铝砖

高铝砖是 Al_2O_3 含量大于 48% 的耐火制品。

基本特性：

（1）比黏土砖有更高的耐火度和荷重软化点。

（2）由于 Al_2O_3 为中性，故抗渣性较好。

（3）加工困难，成本较高。

E 碳质耐火材料

主要特性：

（1）耐火度高，不熔化也不软化，在 3500℃ 升华。

（2）抗渣性能好。

（3）高导热性。

（4）热膨胀系数小，体积稳定性好。

（5）致命弱点是易氧化，对氧化性气氛抵抗能力差。

F 不定形耐火材料

（1）捣打料：用于炉底炭砖与水冷管之间、风口、铁口、渣口周围及铁沟。

（2）喷涂料：用于炉壳。

（3）泥浆：把耐火砖黏结成为致密的整体炉衬。要求泥浆的化学成分与耐火砖相近。

（4）填料：用来填充炉壳与冷却壁、冷却壁与砌砖之间的间隙，起密封和补偿收缩作用。

（5）优点：工艺简单、能耗低、整体性好、抗热震性强、不易剥落，可以减小炉衬厚度。

7.2.2.4 高炉各部位炉衬设计

A 炉底

结构形式：

（1）黏土砖或高铝砖炉底——小高炉。炉底厚度大于炉缸直径的 0.6 倍。

（2）综合炉底。综合炉底是在风冷管炭捣层上铺满几层 400mm 炭砖，上面环形炭砖砌至风口中心线，中心部位砌数层 400mm 高铝砖，环砌炭砖与中心部位高铝砖相互错台咬合。综合炉底的厚度为炉缸直径的 0.3 倍。

（3）全炭砖炉底。大型高炉普遍采用，全炭砖水冷炉底厚度可以进一步减薄。

B 炉缸

结构形式：

（1）黏土砖或高铝砖炉底——小高炉。

（2）炭砖炉缸——大中型高炉。

（3）美国 UCAR 热压小炭砖炉缸——散热型。

（4）"陶瓷杯"结构。

"陶瓷杯"结构是指炉底砌砖的下部为垂直或水平砌筑的炭砖，炭砖上部为 1~2 层刚玉莫来石砖。炉缸壁由通过一厚度灰缝（60mm）分隔的两个独立的圆环组成，外环为炭砖，内环是刚玉质预制块。炉底采用水冷或空气冷却系统。

"陶瓷杯"作用：保温和保护炭砖。高导热性的炭砖可以将"陶瓷杯"输入的热量很快传导出去。

"陶瓷杯"炉底炉缸结构的优越性在于：1）提高铁水温度；2）易于复风操作；3）防止铁水渗漏。

C 炉腹、炉腰和炉身下部

（1）炉腹。一般砌一层高铝砖或黏土砖，厚度为 345mm。

（2）炉腰。炉腰有三种结构形式：厚壁炉腰、薄壁炉腰和过渡式炉腰。

厚壁炉腰结构：优点是热损失少，但侵蚀后操作炉型与设计炉型变化大。

薄壁炉腰结构：热损失大些，但操作炉型与设计炉型近似。

过渡式炉腰结构：处于前两者之间。

（3）炉身下部。炉身下部砌砖厚度为 690~805mm，目前趋于向薄的方向发展，有的炉衬厚度采用 575mm 或 345mm。倾斜部分按三层砖错台一次砌筑。

（4）炉身上部和炉喉。炉身上部一般采用高铝砖或黏土砖砌筑。砌砖与炉壳间隙为 100~150mm，填以水渣—石棉隔热材料。为防止填料下沉，每隔 15~20 层砖，砌两层带砖即砖紧靠炉壳砌筑，带砖与炉壳间隙为 10~15mm。

（5）炉喉。炉喉钢砖或条状保护板为铸铁或铸钢件。炉喉圆周有几十块保护板，板之间留 20~40mm 膨胀缝。炉喉高度方向只有一块。

7.2.3 冷却设备

高炉各部位的工作条件不同，通过冷却达到的目的也不尽相同，故采用的冷却设备也不同。现代高炉冷却设备按结构分为外部喷水冷却装置、内部通水冷却装置及风口、渣口冷却装置。内部通水冷却装置又分为冷却壁、冷却水箱。

7.2.3.1 外部喷水冷却

在炉身和炉腹部位设有环形冷却水管，通过炉壳冷却炉衬。喷水管直径 $\phi50$ ~

150mm，距炉壳约100mm，水管上朝炉壳的斜上方钻有若干直径为$\phi5\sim8mm$的小孔，小孔间距100mm，喷射方向朝炉壳斜上方倾斜$45°\sim60°$，冷却水经小孔喷射到炉壳上进行冷却。为了防止喷溅，在炉壳上装有防溅板，防溅板与炉壳间留有$8\sim10mm$缝隙，冷却水沿炉壳流下至集水槽再返回水池。外部喷水冷却装置结构简单，检修方便，造价低廉。

外部喷水冷却装置适用于小型高炉，对于大中型高炉，只能在炉役晚期冷却设备烧坏的情况下使用，作为一种辅助性的冷却手段，防止炉壳变形和烧穿。

7.2.3.2 冷却壁

冷却壁设置于炉壳与炉衬之间，按材质可分为铸铁和铜质两种；按结构形式分有光面冷却壁和镶砖冷却壁两种。

A 光面立式冷却壁

（1）结构。光面立式冷却壁结构如图7-4所示。在铸铁板内铸有无缝钢管。铸入的无缝钢管规格为$\phi34mm\times5mm$或$\phi44.5mm\times6mm$，中心距为$100\sim200mm$的蛇形管，管外壁距冷却壁外表面为30mm左右，所以光面冷却壁厚$80\sim120mm$，水管进出部分需设保护套焊在炉壳上，以防开炉后冷却壁上涨，将水管切断。

图7-4 光面立式冷却壁

（2）适用场合。用于炉底、炉缸、风口区部位。

B 镶砖冷却壁

（1）结构。镶砖冷却壁结构如图7-5所示。

图7-5 镶砖冷却壁

1）在冷却壁的内表面（高炉炉体内侧）的铸铁板内铸入或砌入一定量的耐火材料（<50%），耐火材料的材质一般为黏土砖、高铝砖、炭质或碳化硅质。

2）从外形看，一般有3种结构：普通型、上部带凸台型和中间带凸台型。

（2）特点。镶砖冷却壁与光面冷却壁相比，更耐磨、耐冲刷，易黏结炉渣生成渣皮保护层，代替炉衬工作。

冷却壁的优点是：冷却壁安装在炉壳内部，炉壳不开口，所以密封性好；由于均布于炉衬之外，所以冷却均匀，侵蚀后炉衬内壁光滑。它的缺点是消耗金属多、笨重、冷却壁损坏后不能更换。

（3）适用场合。大多用于风口区以上部位。

由于球墨铸铁在高炉操作的条件下磨损严重，同时在热负荷和温度的急剧波动条件下，其裂纹敏感性也很高，甚至第四代铸铁冷却壁也不能完全克服这些不足之处，这就限制了冷却壁寿命的进一步提高。铸铁冷却壁的冷却水管是铸入球墨铸铁本体内的，由于材质及膨胀系数不同，冷却水管与铸铁本体之间存在 $0.1 \sim 0.3\text{mm}$ 的气缝，这一层气缝会成为冷却壁传热的主要限制环节。另外，冷却壁注入冷却水管而使铸造本体产生裂纹，并且在铸造过程中为避免石墨渗入冷却水管必须采用金属或陶瓷涂料层加以保护，保护层起隔热夹层作用，使温度梯度增大，造成热面温度升高而产生裂纹。

铸铁冷却壁主要存在两个问题，一是冷却壁的材质问题，二是水冷管的铸入问题。为了解决这两个问题，科研人员开始研究轧制铜冷却壁。此种铜冷却壁是在轧制好的壁体上加工冷却水通道，并且在热面上设置耐火砖。

铜冷却壁与铸铁冷却壁的比较见表 7-2。

表 7-2　铜冷却壁与铸铁冷却壁的比较

项目	铸铁冷却壁	铜冷却壁
冷却效果	由于水管位置距离角部和边缘有要求，冷却效果差，易损坏	钻孔时距壁角和边缘部位的距离可缩短，使两部位的冷却效果好
冷却水管	铸入壁内，有隔热层存在	在壁内钻孔，无隔热层存在
壁间距离	相邻两壁之间有 $30 \sim 40\text{mm}$ 宽的缝隙，此部位冷却条件差	相邻两壁之间距离可缩小到 10mm
热导率比	1	10

C　冷却水箱

冷却水箱是埋置于炉衬内的冷却设备，用于厚壁炉衬，分为扁水箱和支梁式水箱两种。其优点是冷却强度大；缺点为点式冷却，炉役后期炉衬工作面凹凸不平，不利于炉料下降，此外在炉壳上开孔多，降低炉壳强度并给炉壳密封带来不利影响。

（1）支梁式水箱。它有支撑上部炉衬的作用，并可维持较厚的炉衬；质量轻，便于拆换，安装在炉身中部用以托砖，常为 $2 \sim 3$ 层，呈棋盘式布置。上下两层之间距离为 $600 \sim 800\text{mm}$，同一层相邻两块之间，一般相距 $1300 \sim 1700\text{mm}$，其端面距炉衬工作表面 $230 \sim 345\text{mm}$。

（2）扁水箱。扁水箱多为铸铁的，内部铸有无缝钢管。一般用于炉腰和炉身。呈棋盘式布置，有密排式和一般式，后者上下两层间距离为 $500 \sim 900\text{mm}$，同一层相邻两块之间距离不应超过 $350 \sim 500\text{mm}$，前端距炉衬设计工作表面一砖距离 230mm 或 345mm，扁水箱的进出水管若与炉壳焊接，砖衬膨胀，进出水管可能被切断或破裂。

（3）冷却板。冷却板材质有铸铜、铸钢、铸铁和钢板等。

D　冷却棒

高炉在使用过程中，随着炉龄增长，高炉冷却壁会出现裂纹，炉衬侵蚀冷却系统漏水，炉皮发红，造成整个高炉温度场变差，严重时会影响高炉的正常生产。此时在损坏的高炉冷却壁上安装冷却棒，可恢复冷却壁的冷却效果，保证炉体整体冷却完整合一，延长高炉的使用寿命。

冷却棒的特点是采用冷却水通过进水管进入到棒体底部，回流由棒体中心流出，合理的游流结构，冷却强度大，阻损低，节约用水。冷却棒前端采用纯铜材料，与冷却壁直接接触，发挥其导热优异的特点；后端采用铜件，能与炉皮铜板良好焊接，提高密封性，确保炉皮强度。某 2500m³ 高炉冷却壁结构及砖衬材质见表 7-3。

表 7-3　某 2500m³ 高炉冷却壁结构及砖衬材质

部　位	段　位	冷却壁结构	砖衬材质
炉缸	第一段	光面低铬铸铁冷却壁	
炉缸	第二段	光面低铬铸铁冷却壁	
炉缸	第三段	光面低铬铸铁冷却壁	
炉缸	第四段	光面球墨铸铁冷却壁	
炉腹	第五段	铜冷却壁	特种喷涂料
炉腰	第六段	铜冷却壁	特种喷涂料
炉身下部	第七段	铜冷却壁	特种喷涂料
炉身下部	第八段	双层水冷镶砖球墨铸铁	Si_3N_4-SiC 砖
炉身下部	第九段	双层镶砖球墨铸铁	Si_3N_4-SiC 砖
炉身中部	第十段	铸铁冷却壁	Si_3N_4-SiC 砖
炉身中部	第十一段	单层水冷镶砖球墨铸铁	浸磷酸黏土砖
炉身中部	第十二段	单层镶砖球墨铸铁冷却壁	浸磷酸黏土砖
炉身上部	第十三段	单层镶砖球墨铸铁冷却壁	浸磷酸黏土砖
炉身上部	第十四段	倒扣球墨铸铁冷却壁	浸磷酸黏土砖
炉身上部	第十五段	倒扣球墨铸铁冷却壁	浸磷酸黏土砖
炉底水冷管	炉基水冷	管道	

7.2.3.3　风口和渣口冷却设备

（1）风口装置：

1）风口装置的组成。风口装置一般由鹅颈管、弯管、直吹管、风口水套等组成。

2）风口装置的作用。把经热风炉加热的热风通过热风总管、热风围管，再经风口装置送入高炉。

3）对风口装置的要求。高炉对风口装置的要求是：接触严密不漏风，耐高温，隔热且热损失少，耐用，拆卸方便且易于机械化。

（2）渣口装置。渣口装置由 4 个水套及压紧固定件组成。4 个水套即渣口大套、二套、三套和渣口水套。

7.3　操　　作

7.3.1　岗位职责

（1）检查冷却系统的水压、水温及流量，保证其正常运行。

（2）点检本岗位设备，做好点检与交接班记录，发现问题及时反映，并记录在册。

（3）保证喷枪数量，调整喷枪位置，避免风口磨坏，达到均喷、广喷、大喷。

（4）保持本岗位设备与环境卫生。

7.3.2　岗位操作设备范围

（1）炉顶齿轮箱水冷系统所属设备。

（2）炉顶净环水系统所属设备。

（3）高炉区域软水冷却系统所属设备。

（4）高炉区域喷煤所属设备。

7.3.3　岗位设备点检制度

（1）点检时严格遵守安全操作规程，进入煤气区域要有两人以上并携带好煤气报警器，点检前后必须通知值班工长。

（2）联合软水系统下设的三个子系统，各区段的压力、流量、温差是否正常，管道有无泄漏，各类阀门是否正常，计量数字是否准确。

（3）软水系统排气阀的情况是每周一排气一次，排除系统中脱出的气体。

（4）对各冷却系统的工作情况进行确定检查，交接时要认真，如实交接（填写）清楚。

7.3.4　检查与维护

7.3.4.1　要求

（1）操作人员必须熟悉高炉冷却设备的结构，冷却方式并熟悉高炉配管图，做到能按图找到任意一段和任意一块冷却的准确位置，为检查维护打下一个良好的基础。

（2）经常检查炉体各部位炉皮的工作情况，有无变形、裂缝和炉皮局部烧红现象。若有应及时进行休风，焊接裂缝处，变形和局部烧红时应进行外皮浇水冷却。

（3）冷却水管，管件严重腐蚀时，应及时更换，或有严重泄漏应及时更换。

7.3.4.2　水温差升高的处理

（1）水温差升高的主要原因及处理：

1）供水压力小。可提高供水压力，也可以减少串联块数。

2）结垢严重。应根据结垢情况采用酸洗，或用砂洗。

（2）造成炉底炉缸水温差升高的主要原因：

1）炉皮与冷却壁之间填料不饱满，因煤气进入所致。

2）水压低，水量减少。

3）冷却壁管结垢。

4）炉缸存铁量大，水温差升高。

5）铁口失常，可造成铁口两侧水温升高。

6）铁口偏离铁口中心线时，造成水温升高。

7）炉温过低，可建议工长适当提高炉温。

8）炉缸炉底侵蚀严重造成水温升高。

（3）炉缸、炉底水温差升高的处理方法：

1）如因冷却壁与炉皮之间填料不充足，应立即灌浆处理。

2）提高水压，加强冷却，串联的冷却壁改单联供水，有结水垢的应立即清洗。

3）加强检测，建议工长出净炉缸积铁。

4）督促炉前工掌握好铁口深度的规定。

5）开铁口时找准铁口中心位置。

6）增加检测水温次数，掌握变化情况，根据具体情况采取妥善有效措施。

（4）炉缸冷却壁水温差超过规定值的处理措施：

1）清洗冷却壁，提高导热性能。

2）冷却壁串联的改单独供水。

3）改用高压水供水强制冷却。

4）炉皮外喷水冷却。

5）如有漏水要全面检漏、控漏。

6）如上述措施无效可采取堵风口、降低冶炼强度或其他护炉措施。

7.3.4.3 冷却设备的检查

为了实现高炉长寿，在炉体内安装有大量形式各异的冷却装置，并采用不同的冷却介质进行冷却。不论哪种冷却均有漏水的可能，漏水可造成耐火材料过早损坏，发生恶性事故，如炉凉、炉缸冻结等。因此，高炉冷却设备检漏工作是一项重要的工作。常用的检漏方法与处理如下：

A 风口检漏方法与处理

高炉风口区供水压力较大，因此风口漏水对高炉生产的威胁很大，后果严重。风口漏水在风口水套间有少量冷水流出，轻微时有气泡和汽，观察风口有挂渣现象；漏水严重时，除外部来水外，风口暗红，甚至发黑，风口前端有气体产生。可进行关水检查，即关小风口进水使进水压力小于该处煤气压力，风口出水管若有明显的白色风线，风口出水管喘气、冒煤气，出水管颤动，各水套间同时伴有来水来汽现象，风口漏水轻微时关水检查很难判断。不论风口是轻微漏水或是严重烧损，都要做好风口更换准备工作。首先检查风口管丝扣是否完好，准备好备品备件，同时将进出水管的活接打松等待更换，在更换时应做好安全防范工作。

B 渣口检漏方法与处理

渣口烧损主要原因是渣中带铁。渣口漏水时，渣口水套间来水、来汽，并伴有红黄火焰出现，有时伴有爆鸣声，并有水渣流出，堵渣机端部潮湿或带水，为进一步确认，应将水关小检查。如果判断渣口已经漏水，应准备更换，同时应检查各管件是否完好，连接是否牢固，将渣口进出水管的活接打松，待出铁后更换。

C　内部冷却设备漏水检查与处理

目前我国许多高炉冷却设备上都没有安装检漏装置，因此检查内部冷却设备漏水的工作主要是靠生产实践经验判断。日常检查冷却设备漏水有以下几种方法：

（1）关水检查法。关小冷却设备进水压力，使煤气能从冷却设备破损处排除，由冷却设备出口水管发白（风线）、喘气等可以判断冷却设备是否破损，已经破损可适当关小进水。

（2）点燃法。关小或短时间关闭冷却设备进水阀门，在冷却设备破损严重时，排出口有烟气，则可用火点燃，如能点燃说明冷却设备漏水比较严重，应堵死进出口水管。同时该处外部应大量喷水冷却，防止发生炉壳烧穿事故。

（3）打压法。如果冷却壁漏水时间长，而且面积又比较大，在短时间内很难判定哪块冷却壁漏水，应组织使用打压的办法检查冷却设备漏水。将冷却壁出口水管堵死，将压力泵出水管接冷却壁进水管进行打压，试压压力大于冷却介质压力即可。

使用打压的办法检查冷却设备漏水的方法严禁在高炉长期休风时进行，尤其是中小高炉，因为中小高炉炉内热储备少，漏水可能导致炉子大凉，炉缸冻结。

（4）局部关小法。有时在休风后发现炉内大量漏水，但很难找出漏水冷却壁，此时应根据漏水多少、漏水的方向和部位分析可能漏水的冷却壁，将认为有可能漏水的冷却壁进水阀门关闭，直至外部来水见小、冒火时火焰见小为止。待送风后每次可打开 1~2 个冷却壁进水阀门，逐步依次打开，直至查明准确的漏水冷却壁，根据破损的不同程度关小进水、关闭进水或堵死出水管。

（5）局部控水法。在正常生产中，有时炉壳外部来水、来汽，很难确定是哪一块冷却壁漏水，可根据来水、来汽方向部位、水量大小等情况进行详细分析后，将认为有可能漏水的冷却壁进水关小，小于该处煤气压力，但不能断水，控水时间不宜过长。控水后观察来水情况，如来水见小，可每次打开一块冷却壁进水阀门，之后看来水有无变化，如无变化可打开另一块冷却壁进水阀门，直至查找出漏水冷却壁为止。

7.3.4.4　高炉休风时冷却设备的管理

A　短期休风冷却设备的管理

休风时间不超过四小时为短期休风。在休风时高炉炉内压力为零。为避免冷却设备往炉内漏水，造成耐火炉衬的损坏，或因漏水造成复风后生产困难，应将漏水冷却设备的进水关闭。在休风时发现漏水的风渣口及各套应立即更换。

B　长期休风冷却设备的管理

长期休风大部分是有计划的休风，长期休风少则十几个小时，多则几天、十几天，管理好冷却设备尤为重要。尤其是漏水的冷却设备如不能有效控制，将会造成恢复生产的极大困难。

高炉在长期休风时配管工必须全面仔细地检查高炉所有冷却设备的漏水情况，做到心中有数，并制定高炉长期休风冷却设备管理计划。计划工作内容如下：

(1) 全面仔细地检查高炉冷却设备的漏水情况，必要时可进行打压检查。

(2) 在休风低压时全面检查风口有无漏水，发现漏水应立即更换。

(3) 为保证炉内有充足的热源，以利于复风生产，可将各部供水压力控制在最小，但以不断流为好。

(4) 休风后将认为有漏水可能的冷却设备进水关闭。

(5) 休风期间派专人检查高炉炉体各部位有无来水或来汽、冒火现象及堵的风口、渣口有无鼓开现象。将发现上述现象的部位的上部、下部、左右两侧的冷却设备进水关小或关死，直至上述现象消失为止。上述现象主要是冷却设备漏水造成的。

(6) 送风后冷却设备可按送风风口的方向逐步给水。但由于送风后的高炉不是全风操作，所以漏水的冷却设备暂时不开为好。

(7) 送风后可根据炉内的压力适当调节给水压力。

(8) 休风后有的部位冷却水不宜立即关闭进水，如风口及风口区，休风关水或是送风开水，均应掌握一个原则，即以不烧坏冷却设备为宜。

7.3.4.5 冷却设备的清洗方法

清洗冷却设备可以延长其使用寿命。水垢的导热性很差，易使冷却设备过热而烧坏，故定期清洗掉水垢是很重要的。一般要3个月清洗一次。

(1) 高压水冲洗。当高炉冷却水温差有所升高，超过规定上限时，冷却设备内可能有轻微结垢，此时可用高压水进行冲洗，使用清洗冷却设备的高压水的压力必须大于冷却介质压力的1.5倍。此方法只适用于轻微结垢时使用。

(2) 蒸汽冲洗。此方法只适用于轻微结垢时使用。

使用上述两种清洗方法。管件联结一定要牢固，避免在清洗时管件脱扣打伤人。

(3) 酸洗。酸洗方法是有效解决冷却设备结垢的方法之一。酸洗方法为：配备酸洗泵、酸洗槽，酸水浓度为10%~15%盐酸溶液加入1%~2%缓蚀剂，加温65~80℃，即为合格的酸洗溶液。酸泵的出口管和冷却壁的进口管用胶管连接。

酸洗时的注意事项：

1) 清洗人员必须配戴好防酸劳动保护用品。

2) 用于清洗冷却设备的盐酸溶液必须严格按照配比要求配制，浓度过低清洗效果差。

3) 清洗前将冷却设备内存水吹扫干净，以利提高清洗效果。

4) 每个水头清洗10~15min。

5) 酸洗后的冷却设备立即通水，将残留在冷却壁内的盐酸溶液尽快冲洗掉，以防止腐蚀管件。

6) 用过后的盐酸溶液不得随意排放，要妥善处理，防止造成环境污染。

(4) 砂洗。使米石在空压机的压力作用下，在冷却壁内进行高速滚动，将冷却壁内的水垢冲刷掉，使冷却水管进水面积增大，并使冷却水管传热速率增大而提高冷却效果。

砂洗冷却壁的要点：

1) 用于砂洗冷却壁的米石应选择硬度大的石英砂为好，粒度应控制在3~5mm。

2) 所用米石应干燥、洁净，不得有异物混入。

3）清洗前用空压机将冷却设备内存水吹扫干净，并利用高炉内的温度烘干冷却壁内的水管后方可进行清洗，正常生产时停水时间不得超过 20min。

4）用于砂洗冷却壁的压缩空气，风压必须大于冷却介质的压力，清洗过程中防止停电或其他原因的停风造成冷却设备灌砂，清洗时必须备有风源，在两条空压机的风管道上需有止回阀控制。

5）每个水头清洗 10 ~ 15min。

6）每个水头用砂量 3 ~ 5kg 为宜。

7）给砂后应立即检查冷却壁出门有无米石喷出，如果只进不出，要立即停止给砂，查明原因处理后，方可进行清洗。

8）给砂后用手触摸管内有砂滚动，说明清洗正常，砂洗必须间断给砂，防止造成冷却水管狭小处堵塞。清洗后必须检查管道、管件有无泄漏，清洗后应尽快给水冷却。

7.3.5　配管工的作业程序

7.3.5.1　设备启动操作

冷却设备安装前应根据设计图纸要求进行检验、验收。

7.3.5.2　日常操作

（1）出铁前检查风口状况，有漏水应及时向工长汇报，出铁后更换。

（2）高炉坐料时，必须检查风口情况，有异常情况应及时向工长汇报。

（3）当炉皮烧红、冷却壁损坏时，采取炉皮喷水方式冷却。

（4）经常检查冷却设备运行状况，有异常情况应及时处理并向工长汇报。

7.3.5.3　软水闭路循环系统

（1）系统各部位阀门处于正常状态。

（2）膨胀罐水位开关在正常水位 SL2 ~ SL3 间。

（3）系统补水时间在 30h 以上。

（4）系统水压、水温，进、回水温度在规定范围内。

（5）每班上炉顶（身）检查两次，观察有无外泄、漏水，炉皮发红、开裂，各集水管压力是否正常。

（6）随时检查炉台风口工作情况，观察视孔有无发红、发黑，风口有无破损等异常情况。

（7）检查风口工业水阀门开关情况，风口未坏时全关，风口损坏时开启倒换工业水。

（8）检查直吹软管、接头有无漏水。

（9）每日白班检查炉基炉底水冷管一次。

7.3.5.4　齿轮箱水冷系统

（1）确保水泵运行正常，信号准确无误。

（2）压力、流量、温度在规定范围内，氮气流量、压力、温度在规定范围内。

（3）过滤器、换热器运行正常，排污系统在规定时间内正常排污，补水系统正常补水。

（4）特殊情况，如悬料、坐料、崩料、低料线等情况时，应随时检查风口二套、冷却壁、齿轮箱系统等关键设备运行情况，及时发现问题，抢救事故，按上级具体规定实施。以上检查情况，每班应如实记录在点检卡和交接本上。

7.3.6 突发性故障处理

（1）高炉长时间休风后，允许降低循环冷却水量至50%~70%（炉底系统一般不进行调节），休风时间超过两个月，允许继续降低循环水量至50%以下。

（2）高炉炉况大凉或冻结时，允许调整冷却水量至50%~70%（冷却壁系统）。

（3）高炉炉腰以上部位炉墙结瘤（炉底炉缸侵蚀状况允许时）可适当降低冷却壁系统循环水量15%~20%。

7.3.7 注意事项

（1）炉壳故障应对措施：外部喷水冷却，对发红开裂处加大喷水量，通知高炉工长，必要时采取减风降压直至休风处理。

（2）对风口直管、热风围管、热风炉丁字管等发红现象，应听从高炉工长或厂部指令，但不可擅自喷水冷却，可立即采用冷风管冷却，防止内部耐火材料脱落引起更大事故。

（3）高炉正常生产时，软水冷却系统应严格按照规定的冷却制度正常运行，不能随意调节、变换规定的冷却参数，以保持高炉炉况稳定，并有利于延长冷却设备的使用寿命。

（4）更换风口、吹管、窥孔板玻璃、插拔喷枪时，人不得站在风口正面操作。更换风口、清洗冷却设备时，必须在休风后进行。

（5）炉顶不喷水时，应关闭喷水阀门。

7.3.8 冷却设备破损的征兆与处理

7.3.8.1 风口破损的征兆与处理

A 风口破损的征兆

（1）系统水位下降迅速，补水频繁（在排除系统外泄的情况下）。

（2）系统水位轨迹曲线图变化异常。

（3）风口套与套之间接触面流水或冒泡。

（4）风口周围冒红色煤气火焰并有臭味。

（5）从风口视孔镜内观察，风口发红、挂渣、涌渣、冒蒸汽或水线。

（6）风口漏水严重时炉顶 H_2 含量增大、铁口潮"打火箭炮"、渣铁物理热不足等。

B 风口破损的处理

当风口破损时，应立即倒换成工业水开路冷却，控制风口进水流量，使炉内压力与风口进水压力趋于平衡，尽量减少风口向炉内漏水，使风口逐步恢复明亮，挂渣消失；当风口破损较大或断水时，应采取外部喷水冷却，控制好水量，观察风口变化，勤调节、勤观察，既不能使风口继续烧坏，又不能使风口漏水过多产生凝铁，应立即通知高炉值班工长及早出铁休风更换，指派专人看守，防止发生恶性事故。

7.3.8.2　软水冷却壁破损检漏处理

A　冷却壁漏水征兆

（1）冷却系统补水量增加，补水周期缩短，系统水位下降速度增大，N_2 消耗量明显增多。

（2）冷却壁 20 组集水管的冷却水量低于正常流量。

（3）脱气罐集气包取样分析，发现含有 CO 成分。

（4）高炉炉顶煤气取样分析，发现 H_2 含量增大超过正常水平，高炉炉皮、风口大中小三套间有渗水，冒气及煤气火焰明显变化。高炉部分风口温度明显不足，有漏水迹象（风口未坏）。高炉渣铁温度降低，物理热明显不足，流动性变差。

B　冷却壁破损处理

冷却壁损坏情况如图 7-6 所示。一般处理：卸开破损冷却壁上下端的连管，将损坏的冷却壁管内灌浆，管口封死。将未坏的管段用同等管径的管道相连接恢复正常供水。特殊处理：从破损冷却壁的冷却水管进出口处，采用牵引方式穿入特殊金属软管，并在破损冷却水管与金属软管间，灌入高导热和耐火性能良好的耐火材料，然后将进水管按原连接接通，另外在该管段又重新接通一根大于金属软管直径的旁通管并加球阀，恢复正常供水。以上处理冷却壁的方法只能在高炉休风时进行。

图 7-6　冷却壁损坏情况

7.3.8.3　炉底水冷系统检查与处理

A　漏水征兆

冷却系统补水量增加，补水时间周期明显缩短。系统膨胀罐水位降低率增加，N_2 消耗量明显增多，炉底缝隙逸出煤气，火焰明显变化。

B　炉底水管破损检漏

按编号顺序检查各蛇形管冷却支管，关闭进出水两端手动碟阀。顺序检查各冷却支路回水端压力表，压力值变化，则该支路破损。检查该支路的各个水冷管，顺序关闭入口端手动碟阀,开启排气阀,无气体逸出(随即关闭),则该水冷管未坏。按上述方法顺序检查,直至查出破损的水冷管,再经点火检查予以确定。

C 破损水冷管的处理

炉底水冷管破损(非烧穿原因)应采用特殊方法处理,并做全面的安全预防措施,防止事故发生。

 思 考 题

(1) 冷却壁损坏的原因有哪些?

(2) 清除冷却壁结垢的方法,通常采用哪几种?

(3) 冷却壁漏水的危害有哪些?

(4) 风口套破损后,如何判断破损的大小程度?

(5) 叙述冷却设备漏水造成的炉凉征兆。

(6) 风口套破损后如何判断破损的位置?为什么要判断风口破损部位?

(7) 风口漏水后应采取什么措施?

(8) 炉缸、炉腹、炉身下部、风渣口小套允许温差是多少?

(9) 造成炉底炉缸水温差升高的主要原因有哪些?

(10) 简述铁口冷却壁烧坏的征兆。

(11) 试简述高炉炉役末期炉皮的维护方法。

(12) 根据下列情景描述,判断属哪一种事故,并进行处理;画出你所在实训现场高炉的配管草图及叙述冷却制度。

1) 系统水位下降迅速,补水频繁(在排除系统外泄的情况下);

2) 系统水位轨迹曲线图变化异常;

3) 风口套与套之间接触面流水或冒泡;

4) 风口周围冒红色煤气火焰并有臭味;

5) 从风口视孔镜内观察,风口发红、挂渣、涌渣、冒蒸汽或水线;

6) 风口漏水严重时炉顶 H_2 含量增大、铁口潮"打火箭炮"、渣铁物理热不足等。

参 考 文 献

[1] 由文泉. 实用高炉炼铁技术［M］. 北京：冶金工业出版社，2002.

[2] 贾艳，李文兴. 高炉炼铁基础知识［M］. 北京：冶金工业出版社，2010.

[3] 任贵义. 炼铁学［M］. 北京：冶金工业出版社，1996.

[4] 周传典. 高炉炼铁生产技术手册［M］. 北京：冶金工业出版社，1995.

[5] 夏中庆. 高炉操作与实践［M］. 辽宁：辽宁人民出版社，1988.

[6] 成兰伯. 高炉炼铁工艺及计算［M］. 北京：冶金工业出版社，1991.

[7] 王筱留. 钢铁冶金学：炼铁部分［M］. 2 版. 北京：冶金工业出版社，2000.

[8] 范广权. 高炉炼铁操作［M］. 北京：冶金工业出版社，1996.

[9] 王明海. 高炉炼铁原理与工艺［M］. 北京：冶金工业出版社，2006.

[10] 李红霞. 耐火材料手册［M］. 北京：冶金工业出版社，2007.